京津冀地区水环境承载力评估及预警技术研究

Study for Evaluating and Warning Water Environment Carry Capacity in Beijing-Tianjing-Hebei Region

于会彬　靳方园　高红杰　朱宁美　宋永会　等著

中国环境出版集团·北京

图书在版编目（CIP）数据

京津冀地区水环境承载力评估及预警技术研究 / 于会彬
等著. —北京：中国环境出版集团，2023.12
ISBN 978-7-5111-5403-3

Ⅰ．①京… Ⅱ．①于… Ⅲ．①水环境—环境承载
力—研究—华北地区 Ⅳ．①X143

中国版本图书馆 CIP 数据核字（2022）第 247217 号

出 版 人　武德凯
策划编辑　葛　莉
责任编辑　范云平
封面设计　宋　瑞

出版发行　**中国环境出版集团**
　　　　　（100062　北京市东城区广渠门内大街 16 号）
　　　　　网　　　址：http://www.cesp.com.cn
　　　　　电子邮箱：bjgl@cesp.com.cn
　　　　　联系电话：010-67112765（编辑管理部）
　　　　　发行热线：010-67125803，010-67113405（传真）
印　　刷　北京鑫益晖印刷有限公司
经　　销　各地新华书店
版　　次　2023 年 12 月第 1 版
印　　次　2023 年 12 月第 1 次印刷
开　　本　787×1092　1/16
印　　张　11.25
字　　数　240 千字
定　　价　78.00 元

前　言

　　"十一五"时期以来，我国积极探索流域水环境保护新思路，七大流域总体水质明显好转，水污染防治工作取得阶段性成果。但是，受水生态环境自然禀赋以及经济社会发展规模的影响，加之我国目前水环境管理中存在治污"一手硬"、生态保护"一手软"的问题，导致我国仍面临着水环境、水资源、水生态问题。京津冀地区水资源短缺，开发利用强度大；水生态系统功能受损，自净能力降低；挤占生态空间问题突出，水源涵养等土地生态服务功能明显降低，水环境承载力超载严重。此外，我国尚未形成统一的水环境承载力定义，各地开展的水环境承载能力研究的理论、思路、方法多种多样，分为定量和定性两种评价方式。这些评价不能充分反映动态下的水环境系统、宏观经济系统、社会系统与生态环境之间的相互协调、相互制约和合理配置的关系，无法在指导地区优化发展、合理治污的过程中发挥作用。

　　我国区域水环境管治已由以末端污染修复治理为主逐步转变为以前瞻性预防为主、防治结合的模式，水环境承载力预警显得尤为重要。建立水环境承载能力监测预警机制，对水环境超载区域实行限制性措施，是中央全面深化改革的一项重大任务。2015 年 4 月，国务院印发《水污染防治行动计划》，提出建立水资源、水环境承载能力监测评价体系，实行承载能力监测预警。2015 年 9 月，中共中央、国务院印发《生态文明体制改革总体方案》，提出建立资源环境承载能力监测预警机制。2017 年，新修正的《中华人民共和国水污染防治法》要求组织开展流域环境资源承载能力监测、评价，实施流域环境资源承载能力预警。

　　本书共分 5 章。第 1 章由于会彬、高红杰编写，第 2 章由高红杰，于会彬编写，第 3 章由靳方园、刘东萍、朱宁美编写，第 4 章由于会彬、靳方园、朱宁美、白杨编写，第 5 章由于会彬、靳方园、朱宁美、郭平、路阔天等编写，全书由于会彬、靳方园统稿。在本书编写过程中，中国环境科学研究院宋永会研究员和刘瑞霞研究员给予了大力支持，在此表示衷心的感谢！

　　希望本书的出版会为生态环境等有关政府部门管理人员、高校院所从事水环境承载力研究的专家学者，以及有关专业的研究生提供参考。由于编写人员能力水平有限，以及资料占有的局限性，本书的不足之处在所难免，希望诸位同仁多加探讨交流，恳请广大读者批评指正！

著　者

2021 年 7 月 22 日

目　录

1

研究背景和意义

1.1 研究背景

京津冀地区是海河流域的核心区域，地域涵盖我国重要的政治、经济和文化中心，在国家生态文明建设方面具有重要的战略地位。京津冀是我国缺水最严重的地区，资源性和水质性缺水问题极为突出，部分区域污染严重、水资源开发强度大[1-3]、地下水超采以及挤占生态空间问题突出，导致水生态系统功能受损及自净能力降低。水环境、水生态形势十分严峻，不仅降低了人类居住环境质量，而且影响了社会、经济和环境的协调发展。

1.1.1 水环境质量总体改善，但部分区域仍污染严重

2018 年，京津冀地区 120 个国家地表水评价考核断面中，Ⅰ～Ⅲ类水质断面为 56 个，占比为 46.67%；Ⅳ～Ⅴ类水质断面为 43 个，占比为 35.83%；劣Ⅴ类水质断面为 21 个，占比为 17.50%。

2020 年，京津冀地区 121 个国家地表水评价考核断面中，Ⅰ～Ⅲ类水质断面为 76 个，占比为 62.81%；Ⅳ～Ⅴ类水质断面为 43 个，占比为 35.54%；劣Ⅴ类水质断面为 2 个，占比为 1.65%。

相比 2018 年，2020 年京津冀地区Ⅰ～Ⅲ类水质断面占比提高了 16.14 个百分点，劣Ⅴ类水质断面占比下降了 15.85 个百分点。地表水重污染趋势基本上得到遏制。但部分区

域污染仍较严重，少数断面水质明显恶化，部分地区汛期污染问题突出，除此之外，京津冀地区受污染的地下水占 1/3，重金属污染多集中在石家庄等城市周边，以及天津、唐山等工矿企业周围，地下水中"三氮"超标率较高，水环境风险不容忽视。

1.1.2 水资源短缺，地下水超采问题十分严重

2015—2019 年京津冀地区水资源总量的平均值为 65.43 亿 m³，地下水资源量平均值为 48.54 亿 m³，地表水资源量平均值为 30.69 亿 m³，人均水资源量平均值为 144.7 m³，远低于国际公认的人均 500 m³ 的极度缺水标准，水资源量不足。同时，北京作为首都，吸引了大量人口的流入，人均水资源量严重超载；天津本身的水资源量短缺，而且水资源利用率较差，地区内水资源受污染的范围大；河北省的农业用水量居高不下，产业用水结构不合理。京津冀地区的水资源需求量较高，供需之间存在着一定的缺口。

地表水资源不足导致大量地下水被开采，河北省 74.5%的水资源是依靠地下水开采，部分地区地下水开采深度已达 300 m 以下的化石含水层。由于人们常年超采浅层地下水和深层地下水，已形成 20 多个下降漏斗区，涉及面积 5 万 km²，占区域总面积的 23%，成为威胁区域水生态、水环境安全的重大隐患。[4]

1.1.3 挤占生态空间问题突出，面临着水生态危机

缺水压力对京津冀地区内水资源分配产生了极大的负面影响，用水结构不合理、水资源配置不均衡会限制地区社会经济发展，造成水生态危机。京津冀地区多年人均水资源量仅为全国平均水平的 1/8，以不到全国 1%的水资源承载了全国 8%的人口和 11%的经济量。2016 年北京市和天津市人均水资源量分别为 161 m³ 和 174 m³，远低于国际公认的人均 500 m³ 的极度缺水标准，制约着经济社会的发展。在生产用水、生活用水、生态用水竞争激烈的情况下，京津冀地区水生态严重受损。随着气候变化、过度开发和污染加剧，平原区普遍存在地表断流、湿地萎缩、功能衰退的现象，现存湿地，如白洋淀、北大港、南大港、团泊洼、千顷洼、草泊、七里海、大浪淀等，均面临干涸及水污染的困境，极大影响了流域内的社会发展、经济生产与人民生活水平。

京津冀地区水资源、水环境、水生态的退化已经成为该地区经济社会发展的制约因素，亟须开展区域水环境保护及管理政策措施研究，制定有效的水环境保护战略，能够为"十四五"期间京津冀地区遏制环境恶化趋势、改善水质性缺水状况、保护京津冀地区脆弱的水生态环境指明方向。

1.2　研究意义

1.2.1　是落实国家水环境管理的必然要求

国家高度重视水环境承载力在水环境质量改善和推进生态文明建设中的地位和作用。《中华人民共和国水污染防治法》（以下简称《水污染防治法》）明确要求应当根据流域生态环境功能需求，组织开展流域资源环境承载能力监测评价，实施流域环境资源承载能力预警。《水污染防治行动计划》（以下简称"水十条"）提出从 2020 年的阶段性改善，到 2030 年的总体改善，再到 2050 年的全面改善、良性循环。同时，提出建立水资源、水环境承载能力监测评价体系，实行承载能力监测预警，2020 年完成市域、县域水环境承载能力现状评价。

1.2.2　是"水十条"中长期目标的重要保障

由于过度开发，京津冀地区的水生态环境承载力已严重超载，"水十条"中多次强调京津冀和海河流域的治理，凸显了京津冀地区水污染治理的紧迫性和必要性。结合京津冀地区目前水污染防治工作的进展，为确保中长期水环境保护目标实现，需要尽快开展京津冀地区水环境承载力研究，判别水环境承载力状态，识别超载关键因子，制订提升方案，调整产业布局，降低污染排放，改善水环境质量。

1.2.3　有助于提升京津冀地区水环境承载力，释放生态空间

受经济社会用水快速增长和土地开发利用面积增长等影响，京津冀地区生态空间挤占问题变得非常突出。[5] 此外，由于缺乏严格的生态空间管控措施，工业园区发展成片、城镇建设挤占生态空间等现象严重，引发环境污染和生态失衡等问题。因此，以改善水环境质量为基本点，从"减排"和"增容"两条线出发；统筹水域、陆域，多措并举有效提升水环境承载力，优化配置土地利用类型，强化土地生态环境功能，释放生态空间，对于推动京津冀地区绿色发展具有重要意义。

2

水环境承载力研究进展

2.1 水环境承载力演变过程

2.1.1 水环境承载力概念的演变

战国时期，著名的思想家和法家代表人物韩非子在《五蠹》[6]中提出："是以人民众而货财寡，事力劳而供养薄，故民争，虽倍赏累罚而不免于乱。"韩非子认为人与人之间之所以不发生争夺，是因为人口少，而天然生活资料相对多些，不必为此而争夺。但到后来，人口增长很快，生活却日益贫乏，粥少僧多，不敷分配，于是才产生了争夺，引发了犯罪。韩非子这种思想体现了朴素的承载力内涵（表 2-1）。

表 2-1　承载力概念及内涵演变过程

时间	代表人物	核心思想	著作或论文	承载力内涵
战国末期	韩非子	民众财寡	《五蠹》	是以人民众而货财寡，事力劳而供养薄，故民争
古希腊	亚里士多德	适度人口	《政治学》	一个城邦的最佳人口界限，就是人们在其中能有自给自足的舒适生活并且易于监视的最大人口数量
18 世纪末	T. R. 马尔萨斯	控制人口	《人口原理》	"人口增长—贫困—济贫—人口再增长—再贫困"

时间	代表人物	核心思想	著作或论文	承载力内涵
1838 年	P.F.费尔哈斯	环境容量	*Notice surla loique lapopulation suitdans son accroissement*	从容纳角度来解释自然资源对人口经济增长的限制，现代承载力的研究相继开展
1921 年	R.E.帕克 E.W.伯吉斯	承载力	*An introduction to the science of sociology*	某一特定环境条件下（主要指生存空间、营养物质、阳光等生态因子的组合），某物种个体存在数量的最大极限
1977 年	西村肇	环境容量	关于环境容量的概念	根据总量控制的基本原则，将环境容量简单地规定为，环境中污染物浓度每增加一个单位相应增加的污染物排放量
1985 年	UNESCO & FAO	环境承载力	*Carrying capacity assessment with a pilot study of Kenya: a resource accounting methodology for exploring national options for sustainable development*	资源环境承载力是在可以预见的时期内，依照社会文化准则，根据生活质量要求，利用自然资源、科学技术、人力资本和扶持政策维持的当地人口的最大数量
1994 年	郭怀成，等	水环境承载力	《本溪市新经济开发区水环境规划》 我国新经济开发区水环境规划研究	水环境承载力是指某一地区、某一时间、某种状态下水环境对人类活动的支持能力
2001 年	蒋晓辉，等	水环境承载力定性及半定量计算	陕西关中地区水环境承载力研究	从水环境、人口、经济发展要素出发，探讨水环境承载力的内涵，建立了研究区域水环境承载力分解协调模型，应用于关中地区水环境承载力优化
2005 年	宋宏杰，等	水环境承载力定量计算	郑州市水环境承载能力计算及调控对策	从浓度控制、总量控制和生态需水三方面论述了水环境承载力的判定条件，并计算了郑州市水环境承载力

　　承载力（carrying capacity）一词原为物理力学中的物理量，指物体在不产生任何破坏时的最大（极限）负荷，起源于古希腊时代，是一个针对极限度而提出的古老概念，与现实的或潜在的过度使用相联系，最早可以在亚里士多德的一些著作中看到"承载力"。

　　到 18 世纪末，T.R.马尔萨斯在著名的《人口原理》中提出人口增长速度必然会超过生活资料的增长速度，进而不能均衡发展，而土地肥力的递减也会反过来限制人口的增长。T.R.马尔萨斯人口论反映了生物（人类）与自然环境（粮食）之间的关系，而这种关系的假设条件构成了承载力理论的基本条件。随着《人口原理》被人们广泛关注，可以发现在经济学、人口学、土地学、资源学和生态学中都涉及承载力的内容，并产生了深远的影响。[7-9]

1838 年，P. F. 费尔哈斯根据耗散结构理论、自组织建模原理，建立了费尔哈斯模型，从容纳角度解释了自然资源对人口、经济增长的限制，现代承载力的研究相继开展。[10] 1921 年，人类生态学学者 R. E. 帕克和 E. W. 伯吉斯提出承载力概念，即"在某一地域中阳光、土地、水、能源、生存空间等环境因子的有效组合下，某物种的最大生存数量"。[11] 该概念内涵为一种最大极限的容纳量（生态容量），是一种机械思维的绝对数量。1922 年达文和帕尔默提出了针对草场生态系统的承载力概念，即草场上可以容纳的不会损害草场的牲畜数量，关注支撑主体（草场）不受损害，这反映了可持续发展的思想。

随着经济、环境、社会中的各个领域相继涉及承载力，学者们陆续提出了人口承载力[12]、土地资源承载力[13, 14]、水资源承载力[15, 16]、环境承载力[17-19]等概念。20 世纪 70 年代后期和 80 年代初期，许多与承载力相关的大型研究在联合国教科文组织（UNESCO）和粮农组织（FAO）的支持下相继开展，这些研究在承载力的定义和量化方面做出了卓越贡献。他们认为资源环境承载力是指在可以预见的时期内，依照社会文化准则，根据生活质量要求，利用自然资源、科学技术、人力资本和扶持政策维持的当地人口的最大数量。[20] 承载力是可持续发展理论不可缺少的因素，随着可持续研究的不断深入，对承载力的研究也得到了越来越多的关注，并发生了质的飞跃。1995 年，诺贝尔经济学奖获得者 Arrow、Bolin B 及 Costanza R 等[21]在杂志《科学》（Science）上发表了论文《经济增长、承载力和环境》，再次强调了承载力的重要性，承载力的研究也逐渐发展成熟。近年来，中国对于水环境承载力的研究，从概念的探讨到理论的完善，再到评估方法研究的多元化，已经逐渐趋于完善和成熟。

因此，承载力研究经历了非人类生物种群承载力、人口承载力、资源承载力、环境承载力、生态承载力、经济承载力、文化承载力、社会承载力等概念内涵的演进过程，呈现出从生物种群承载力扩展到"耕地—食物—人口"承载力、从单要素制约的承载力发展到多要素制约的系统承载力、从单纯基于自然资源禀赋的承载力研究延伸到涵盖自然资源禀赋和人类发展需求的综合承载力研究、从单个城市承载力研究扩展到区域城市群综合承载力研究等演变特征。

2.1.2　承载力的分类

承载力的研究范畴甚广，既包括非人类生物种群，又包括自然环境资源和社会人文要素。它们都是用来描述区域系统对外部环境变化的最大承受能力，即描述发展限制程度的概念，承载力存在一定的阈值，超过该阈值将会导致一系列承载能力失衡。基于承载力的限制因素不同，可以分为资源承载力、环境承载力、经济承载力和社会承载力（图 2-1）。

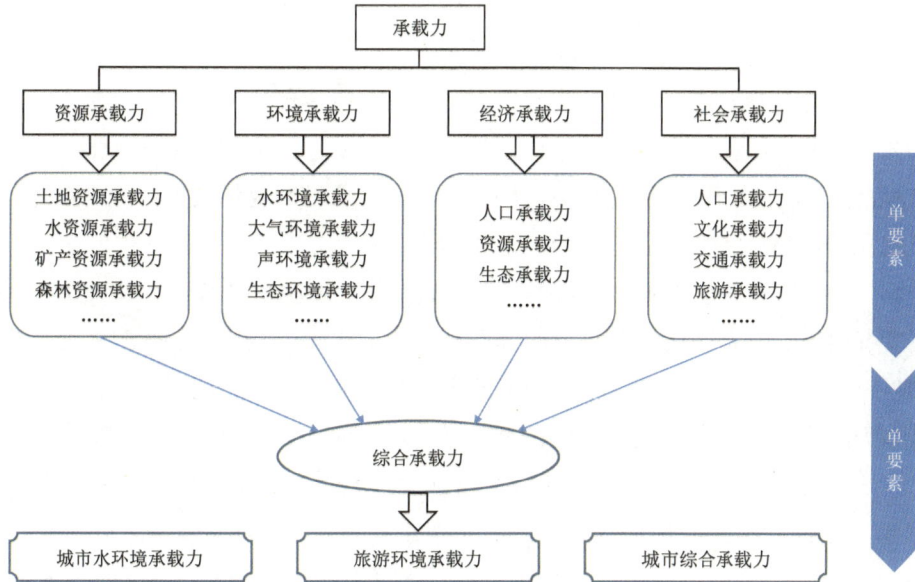

图 2-1　承载力的分类

2.1.2.1　社会承载力

　　以前对社会承载力的研究是从社会所能容纳人口数量的角度来进行的，视角比较单一。因为简单的用人口数量来定义社会承载力并不能反映出人类对环境的影响，所以社会承载力不只是人口数量，应该是在社会文化因素影响下的人类社会系统所能承受的负荷。人类承载力不只与生活消费有关，还与生产方式有关，其受到科技、教育、制度、文化和贸易等方面的影响，因此，在综合考虑这些因素以后，将社会承载力从人口承载力中脱离出来，独立成了一种承载力。本书认为社会承载力是社会系统整体结构的综合反映，是一个社会系统所能承受的人类活动规模和强度的阈值。社会承载力的落脚点从人口数量转移到了人类的社会经济活动中，是将社会承载力的研究与生态环境联系起来，因此社会承载力内涵包含了社会、经济和生态环境。

　　社会承载力有狭义和广义之分。狭义的社会承载力是指只考虑其社会条件而不考虑经济条件和环境条件，单纯指在这个社会条件下社会系统所能承受的人类活动规模和强度，只考虑社会性质的指标；广义的社会承载力是指在考虑了经济条件、资源环境条件后，社会作为一个由社会资源、经济资源和资源环境构成的整体系统所能承受的人类活动规模和强度，广义的社会承载力在建立指标时，要综合考虑社会性质、经济性质和资源环境性质，广义的社会承载力以可持续为前提，反映了社会因素、经济因素和资源环境因素的相互联系和相互作用。

2.1.2.2　经济承载力

经济承载力是指一定区域内，在一定资源条件和环境容量下所能承受的经济发展的程度和规模。也就是说经济承载力是从经济的角度出发，主要看某区域当前经济发展的速度和经济水平是否一致，是否在当前经济水平所能承受的范围之内，否则会出现负效应。因此我们认为经济承载力包含两个层面的含义：其一，区域系统内生的稳定和存续能力；其二，区域系统承受外部冲击的变革能力。前者表明在维持现有社会经济系统稳定的前提条件下，特定区域按照目前的发展模式所能承受的最快发展速度；后者表明虽然现有社会经济系统发生了嬗变，但却未超出特定区域所能承受的发展极限值。两者之间是相辅相成的关系，区域系统内生的稳定和存续能力越强，其承受外部冲击的能力就越强；与之对应，承受外部冲击的能力越强，区域系统内生的稳定和存续能力也就越强。也就是说，经济增长和资源环境之间存在着影响和制约的关系，也存在着依赖和促进的关系。经济活动必然会给环境造成正面或者负面的效应，环境的变化也会在一定程度上反作用于人们的生产活动。然而，环境保护并不是要求环境回归到最原始的状态，而是把由经济发展带来的一系列的环境变化，控制在环境可以承受的阈值范围之内。

2.1.2.3　资源承载力

资源承载力是指一个国家或一个地区资源的数量和质量对该空间内人口的基本生存和发展的支撑力，是可持续发展的重要体现。随着我国人口增长和经济社会快速发展，资源短缺问题日益严重，已成为我国经济社会发展的严重制约因素。因此，资源承载力对于一个国家或地区的综合发展及发展规模是至关重要的。社会经济发展必须控制在资源承载力之内，这样才能通过资源的可持续利用实现社会经济的可持续发展。

19 世纪 80 年代后期至 20 世纪初期，生态学中承载力的概念逐步拓展并应用到土地资源承载力中，以研究现存土地可养活的人口最大数量。20 世纪 60 年代以后，随着经济发展对资源的需求不断增加，相应的水资源承载力、森林资源承载力，以及矿产资源承载力等概念被提出，由于不同领域对承载力的认知差异，各种承载力的定义区别很大，因此，不同学者、不同领域的研究缺乏可比性。经过对各种研究的比较，我们认为既简明而又具代表性的资源承载力概念当属牛文元在 1994 年提出的："一个国家或一个地区资源的数量和质量，对该空间内人口的基本生存和发展的支撑力。"[22]

2.1.2.4　环境承载力

环境承载力是指在一定时期内，在维持相对稳定的前提下，环境资源所能容纳的人口规模和经济规模。地球的面积和空间是有限的，它的资源是有限的，显然，它的承载力也是有限的。因此，人类的活动必须保持在地球承载力的极限之内。

环境承载力又称环境承受力或环境忍耐力。它是指在某一时期，某种环境状态下，某一区域环境对人类社会经济活动的最大支持限度。人类赖以生存和发展的环境是一个大系统，它既为人类活动提供空间和载体，又为人类活动提供资源并容纳废弃物。对于人类活动来说，环境系统对人类社会生存发展活动提供支持能力。环境系统的组成物质在数量上有一定的比例关系、在空间上具有一定的分布规律，因此它对人类活动的支持能力有一定的限度。当今存在的种种环境问题，大多是人类活动与环境承载力之间出现冲突的表现，人类社会经济活动对环境的影响超过了环境所能支持的极限。

2.1.2.5　水环境承载力

水环境承载力是承载力概念与水资源、水环境领域的结合，指在一定时期内，区域水环境系统在满足水质目标要求、保持可持续的自净能力和维持水生态健康的条件下，对区域人口、经济和社会活动的支持能力。它具有客观性、区域性、阶段性、动态性及可调性等特征。

2.2　文献计量学分析

为探究"水环境承载力评价"领域的发展态势，基于科学网（Web of Science，WoS）数据库统计的文献，运用文献计量学方法对领域的基本发展态势、国际合作以及研究主题进行了分析。

相关统计口径说明如下：

数据集构建：通过专家咨询、文献调研等确定领域论文检索式为 Ts=("carrying capacit*" or "bearing capacit*") and ts=(water or "land use" or "land-use" or "land utilizat*" or wastewater) and ts=(index or indicator* or volum* or evaluat* or measur* or assess* or discriminat* or warn* or protect* or restorat* or conservat* or pressur* or respons* or predict*)。

文献类型：纳入本书统计范围的 WoS 论文文献类型为 article、proceeding paper、review。

统计时间窗：WoS 论文统计时间窗为 2004—2018 年；WoS 数据收集时间为 2019 年 5 月 18 日。

2.2.1　基本发展态势

"水环境承载力评价"领域基本发展态势以国家为研究对象，主要统计论文产出及其学术影响力的变化趋势。

2.2.1.1 论文产出

论文是科学研究的主要成果产出形式，论文数量可以大体揭示全球及各国科学研究的规模。

（1）全球研究规模

以"水环境承载力评价"为主题的研究论文最早出现于 20 世纪 80 年代，并在 20 世纪末期开始得到研究人员的关注。进入 21 世纪，"水环境承载力评价"研究逐渐引起学术界重视，相关研究成果的产出快速增长，2018 年全球共发表相关学术论文 248 篇（图 2-2）。

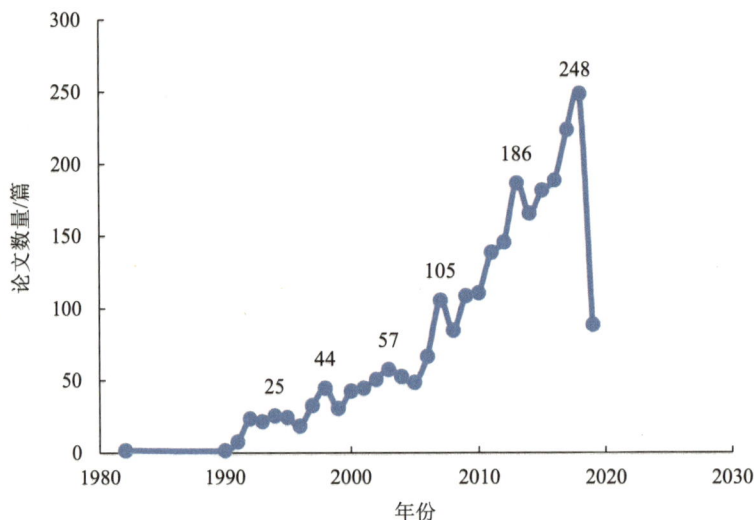

图 2-2　1982—2019 年该领域的全球论文数量

从论文数量的全球分布来看，亚洲和北美洲的部分国家产出了大量的论文成果，西欧多数国家也参与了该领域的研究活动。相比较而言，南美洲国家仅有巴西和阿根廷在该领域展开了相关研究，而非洲国家也仅有南非和尼日利亚产出了少量研究成果。

根据水环境承载力评价研究的整体产出趋势，本书将统计时间窗设置为 2004—2018 年，重点分析该领域在这 15 年间的产出及发展情况。图 2-3 聚焦于论文产出前 20 名（Top20）的国家，2004—2018 年，中国、美国是该领域 WoS 论文的主要产出国家。中国的论文数量是美国的两倍多。英国、澳大利亚、德国和加拿大对该领域的科研产出也有重要贡献，但与中国、美国相比还存在较大的体量差距。

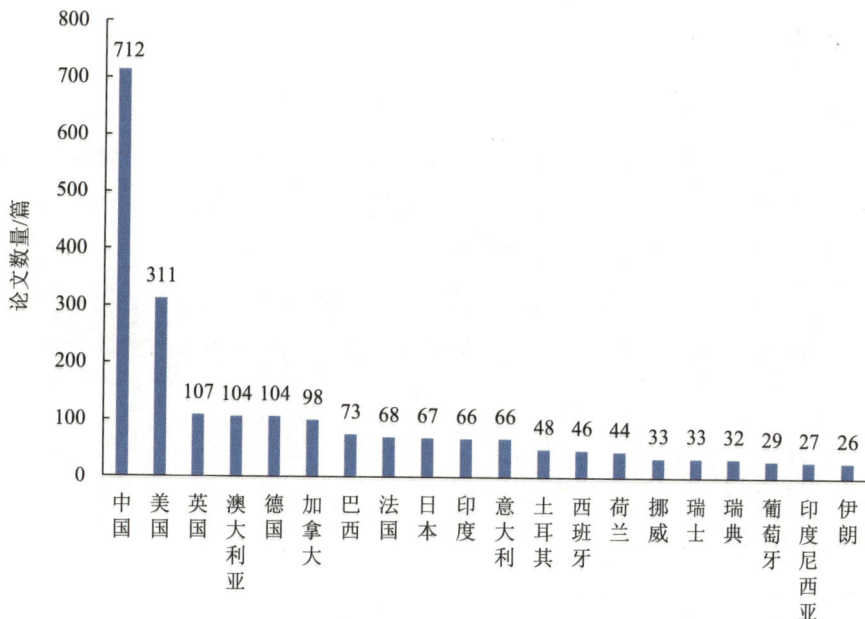

图 2-3　2004—2018 年该领域 Top20 国家的论文数量

注：Top20 国家是根据 2004—2018 年 WoS 论文数遴选。

（2）国家研究规模

图 2-4 展示了 Top5 国家 WoS 论文产出数量的逐年变化趋势，可见中国在这 15 年中发展迅速，自 2007 年起便一直居于该领域产出首位。美国在该领域的论文产量一直居于世界第二的位置，但整体产出增速较为平缓，与中国论文产量差距较大，年平均发文量不超过 40 篇。此外，英国、澳大利亚和德国自 1990 年后一直在该领域进行相关研究，但论文产出增速都较为缓慢，年平均发文量在 10 篇左右。

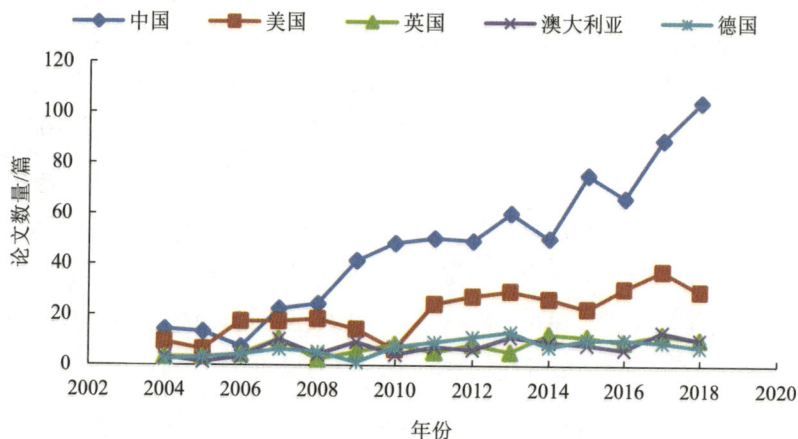

图 2-4　2004—2018 年该领域全球 Top5 国家的论文数量

注：Top5 国家是根据 2004—2018 年 WoS 论文数遴选。

2.2.1.2 学术影响力

（1）Top20 国家总被引频次分析

论文的被引频次可以从一定程度上反映论文受同行的关注程度，它是测度科研成果学术影响力的基本指标。一个国家的总被引频次可以反映其学术影响力的整体状况。

统计年间美国位居该领域 WoS 论文总被引频次的榜首，占比达 22.3%；中国以 20.4% 的占比位居第 2 位；英国（10.7%）和澳大利亚（9.1%）分别位于第 3、第 4 位；意大利（8.7%）、德国（8.3%）、加拿大（7.8%）和西班牙（7.1%）等国家的世界份额相差无几（图 2-5）。

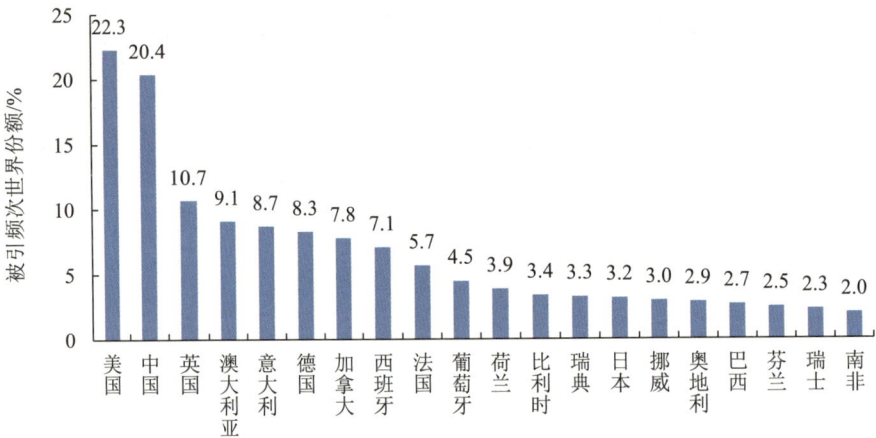

图 2-5　2004—2018 年该领域全球 Top20 国家的被引频次

注：Top20 国家是根据 2004—2018 年 WoS 论文被引频次遴选。

（2）各国学术影响力分析

对比三个 5 年期的引文数据可以看出，中国在"水环境承载力评价"领域取得了一定进步，WoS 论文被引频次的世界排名从 2004—2008 年的第 2 位，跃居至 2009—2013 年的第 1 位，并且在 2014—2018 年保持排名稳定，世界份额从 2004—2008 年的 13.2% 提升至 2014—2018 年的 32.6%，上升了近 20 个百分点，中国是 Top20 国家中增长最快的。随着中国学术影响力的不断扩大，美国优势地位有所下降，其被引频次的世界份额在三个 5 年期中经历了下降和小幅回升过程，整体下降了约 1 个百分点。另外加拿大、意大利、比利时、奥地利和印度被引频次的世界份额总体呈现小幅提升趋势，其中奥地利和印度在 15 年间的世界排名中也有显著提升；而澳大利亚在第三个 5 年期的世界份额降幅较大，降幅近 6 个百分点，见表 2-2。

表 2-2　2004—2018 年该领域 Top10 国家的 WoS 论文的被引频次

国家	2004—2008 年			2009—2013 年			份额增量	排名变化	2014—2018 年			份额增量	排名变化
	被引频次	世界份额	排名	被引频次	世界份额	排名			被引频次	世界份额	排名		
世界	8 968	—	—	9 131	—	—	—	—	4 668	—	—	—	—
中国	1 186	13.2%	2	1 936	21.2%	1	8.0%	1	1 524	32.6%	1	11.4%	0
美国	2 124	23.7%	1	1 882	20.6%	2	−3.1%	−1	1 065	22.8%	2	2.2%	0
英国	1 042	11.6%	3	882	9.7%	6	−2.0%	−3	523	11.2%	3	1.5%	3
加拿大	581	6.5%	8	686	7.5%	8	1.0%	0	499	10.7%	4	3.2%	4
意大利	587	6.5%	7	933	10.2%	4	3.7%	3	460	9.9%	5	−0.4%	−1
德国	862	9.6%	5	575	6.3%	9	−3.3%	−5	455	9.7%	6	3.4%	3
比利时	370	4.1%	11	74	0.8%	25	−3.3%	−14	321	6.9%	7	6.1%	18
澳大利亚	642	7.2%	6	1 123	12.3%	3	5.1%	3	299	6.4%	8	−5.9%	−5
奥地利	86	1.0%	20	323	3.5%	15	2.6%	5	250	5.4%	9	1.8%	6
印度	52	0.6%	22	97	1.1%	23	0.5%	−1	138	3.0%	10	1.5%	13

注："排名变化"列中，正数表示进步的位次，负数表示退步的位次。

　　Top10 国家是根据 2004—2018 年论文被引频次遴选和排序。

　　国家的总被引频次是从国家整体发文的角度来反映国家的学术影响力，受国家发表论文规模的影响较大。篇均引文描述了每篇论文的平均被引频次，因此篇均引文指标可以消除论文数量对被引频次总量的影响，揭示论文的平均影响力。

　　图 2-6 对比了 2014—2018 年水环境承载力评价领域论文数量 Top10 国家的篇均引文。论文产出体量相对较小的意大利的篇均引文（17.69）位居 Top10 国家的榜首，加拿大（12.17）仅次于意大利，领先于德国（10.58）、英国（9.69）、美国（7.40）、澳大利亚（6.50）等国家，且上述国家的篇均引文均高于世界基线。相比较而言，法国的篇均引文（4.33）略低于世界基线，中国（3.97）和巴西（3.81）的篇均引文相近，而印度在 Top10 国家中篇均引文最低。

　　在文献计量研究中，将发表之后未被引用的论文称为零被引论文，反之，被引用过的论文称为非零被引论文。引用率即非零被引论文数量占整体论文数量的比例。国家的引用率描述了该国论文发表之后被引论文占比。

　　从图 2-7 的引用率数据可以看出，2014—2018 年，澳大利亚（86.96%）、意大利（84.62%）、德国（81.40%）等发达国家水环境承载力评价论文的引用率位于 Top10 国家前列。中国的引用率为 58.85%，低于世界基线（65.3%）。

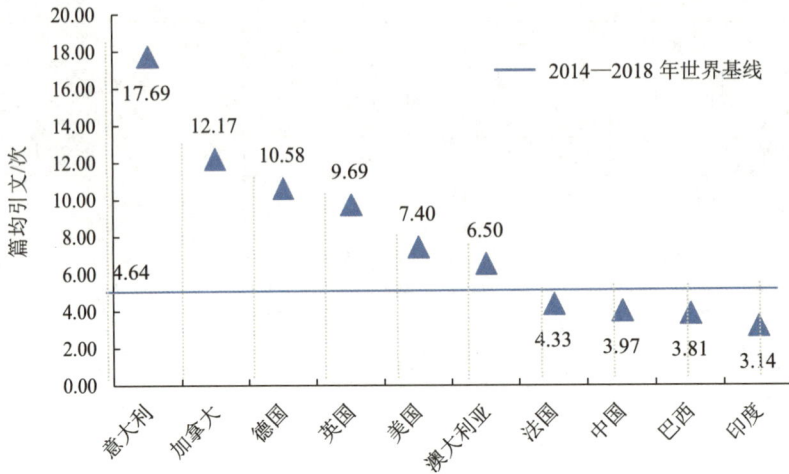

图 2-6　2014—2018 年该领域 Top10 国家的篇均引文

注：Top10 国家是根据 2014—2018 年 WoS 论文数遴选。

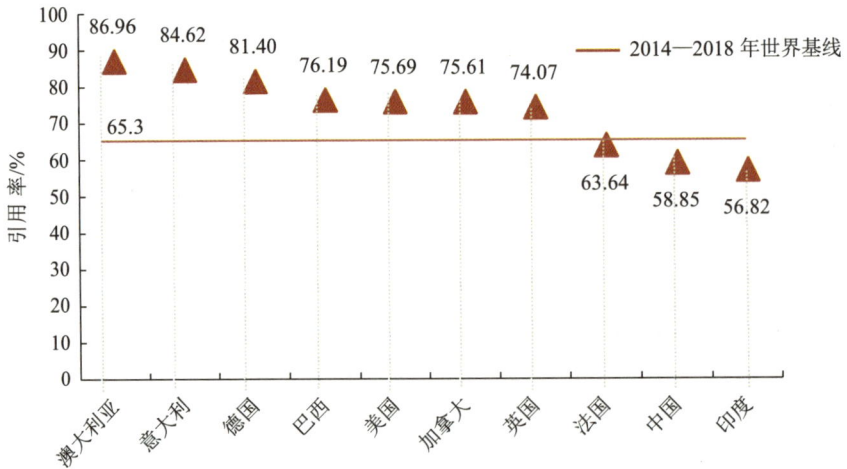

图 2-7　2014—2018 年该领域 Top10 国家的引用率

注：Top10 国家是根据 2014—2018 年 WoS 论文数遴选。

从被引频次、篇均引文、引用率 3 个与学术影响力相关的指标看，2014—2018 年，中国水环境承载力评价领域 WoS 论文的学术影响力仍有较大发展空间。中国发表的 WoS 论文世界份额为 38.2%，同期获得了 32.6% 的引文世界份额，WoS 论文数量相对较多，但相对影响力较小。比较中国在 2009—2013 年、2014—2018 年两个 5 年期的论文、引文世界份额的数据可以看出，中国学术影响力的发展速度要快于论文产出规模，论文世界份额上升了约 2.2 个百分点，而被引频次世界份额则上升了近 12 个百分点。

论文发表之后既可能被本国科研人员引用，也可能被其他国家科研人员引用。本书定义了自引率，即在全部施引文献中，本国论文所占的比例，以此评估论文产生的学术影响力在内部（本国）或外部（其他国家）的扩散程度。通常认为，论文的自引率越高，在内部（本国）受到关注的程度越高，学术影响力向外扩散的程度越低，反之亦然。

图 2-8 给出了 2009—2018 年中国和美国水环境承载力评价领域 WoS 论文自引率的数据。比较中国和美国自引率可以看出，2009—2018 年，中国的自引率始终高于美国。以差距最大的 2018 年为例，中国自引率为 91.4%，美国为 30.4%；从自引率的变化看，中国和美国呈现出不同的变化趋势：中国在 2009—2011 年自引率在 70%上下浮动，随后从2012 年的 73.3%上升到 2018 年的 91.4%，自引率整体呈稳步上升趋势。相比较而言，美国自引率在 2009—2015 年总体呈缓慢的增长趋势，从 37.8%上升到 52.5%，随后在 2016—2018 年自引率呈下降趋势，由 46%下降到 30.4%。

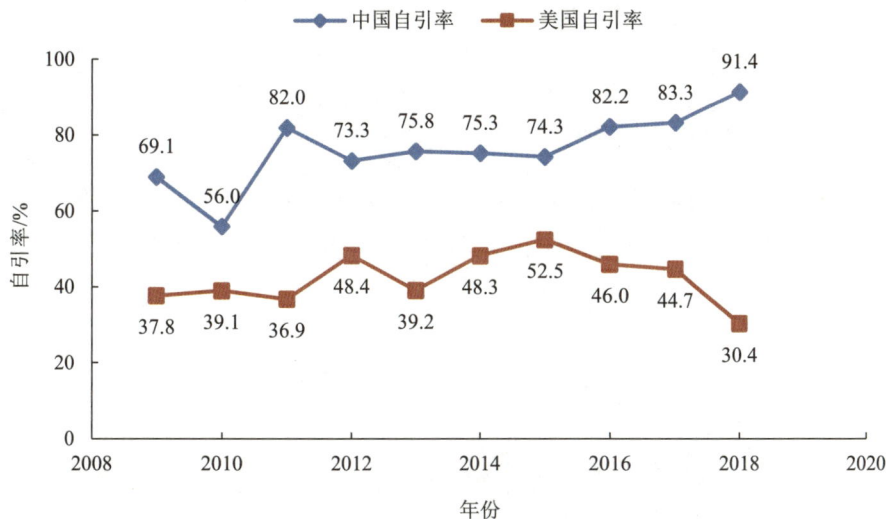

图 2-8　2009—2018 年中国和美国水环境承载力评价领域 WoS 论文的自引率

图 2-9 和图 2-10 分别展示了中国和美国水环境承载力评价领域 WoS 论文被引率情况，可以从一定程度上反映出中国和美国学术影响力的扩散范围。从图 2-9 可以看出中国论文主要被哪些国家引用。除去中国本国自引，美国引用中国 WoS 论文最多，2018 年中国引文中有 10.7%来自美国。除美国外，澳大利亚、英国、加拿大和德国也是引用中国论文的 Top5 国家，这四个国家引用中国论文的比率低于 9%。从图 2-10 可以看出美国论文主要被哪些国家引用。除去美国本国自引，中国在引用美国论文的国家中排在首位，2018 年中国引用美国论文的比例为 47.8%，此外澳大利亚、英国、加拿大和德国也是引用美国论文的 Top5 国家。

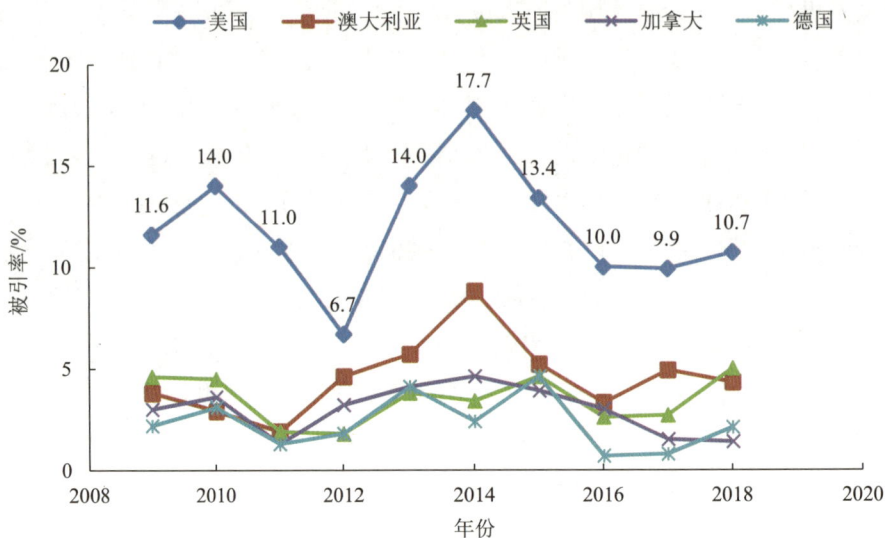

图 2-9　2009—2018 年中国水环境承载力评价领域 WoS 论文被引率情况

注：不包括中国本国自引。

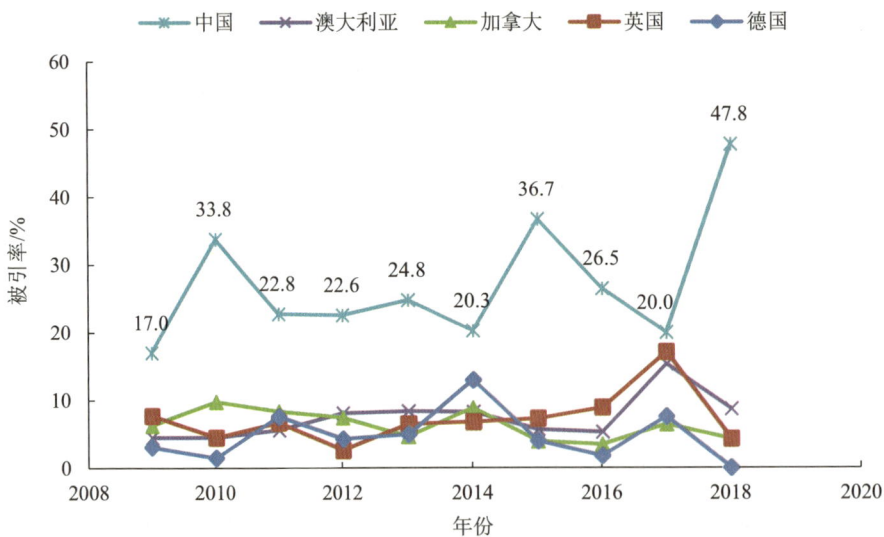

图 2-10　2009—2018 年美国水环境承载力评价领域 WoS 论文被引率情况

注：不包括美国本国自引。

比较中国与美国被他国引用的特征可以发现：引用中国论文的 Top5 国家中，美国占据了较多份额，其余 4 个国家引用中国论文的比例均低于美国，这说明中国学术影响力的扩散范围相对集中在美国。类似地，美国论文被中国及其他 Top5 国家引用的情况与中国类似，中国占据了更多份额，即中国受到更多来自美国的学术影响。但可以发现，美国论文来自中国引用的份额相比于中国论文来自美国引用的份额要高出很多，说明在该领域研究中美国更多地受到中国学术影响，而引用中国论文的国家可能更为分散和多样化。

2.2.2 国际合作

2.2.2.1 国际合作与自主研究

国际合作能够帮助各国在全球范围内整合资源，有效提升各国自主创新研究能力。本书基于 WoS 论文分析各国的国际合作，同时挖掘各国自主研究的特征，为各国水环境承载力评价研究的国际合作选择提供依据。

在基于 WoS 论文的国际合作分析中，国际合作论文与自主研究论文的本国份额可以揭示国际合作与自主研究工作的相对强度。两者的份额关系是此消彼长的，即国际合作份额上升的同时自主研究份额在下降。

对比 Top20 国家国际合作份额在前后两个 5 年期的变化可知，多数国家的国际合作份额均有不同程度的提升，其中德国、意大利、加拿大和日本增长幅度最高，分别增长了 21.2 个百分点、15.4 个百分点、13.9 个百分点和 10.4 个百分点（表 2-3），这从一定程度上说明国际合作研究在水环境承载力评价科研活动中的地位越发重要。中国的国际合作份额增长较小，增长了 5.7 个百分点。巴西、法国、土耳其、印度尼西亚、挪威和俄罗斯的国际合作份额都在不同程度上有所下降，其中印度尼西亚和俄罗斯的降幅较大，分别为 55.5 个百分点和 43.8 个百分点，说明其自主研究力度大幅增强。

表 2-3　2009—2018 年该领域 Top20 国家的 WoS 论文的国际合作与自主研究论文数与份额

国家	2009—2013 年				2014—2018 年			
	国际合作		自主研究		国际合作		自主研究	
	论文数	份额	论文数	份额	论文数	份额	论文数	份额
中国	33	13.3%	215	86.7%	73	19.0%	311	81.0%
美国	40	40.0%	60	60.0%	62	43.1%	82	56.9%
英国	22	71.0%	9	29.0%	43	79.6%	11	20.4%
澳大利亚	18	48.6%	19	51.4%	23	50.0%	23	50.0%
印度	2	14.3%	12	85.7%	7	15.9%	37	84.1%
德国	18	43.9%	23	56.1%	28	65.1%	15	34.9%
巴西	9	33.3%	18	66.7%	11	26.2%	31	73.8%
加拿大	16	47.1%	18	52.9%	25	61.0%	16	39.0%
法国	14	58.3%	10	41.7%	18	54.5%	15	45.5%
意大利	11	50.0%	11	50.0%	17	65.4%	9	34.6%
日本	8	29.6%	19	70.4%	10	40.0%	15	60.0%
土耳其	5	29.4%	12	70.6%	7	28.0%	18	72.0%

国家	2009—2013 年				2014—2018 年			
	国际合作		自主研究		国际合作		自主研究	
	论文数	份额	论文数	份额	论文数	份额	论文数	份额
印度尼西亚	3	60.0%	2	40.0%	1	4.5%	21	95.5%
荷兰	7	53.8%	6	46.2%	11	57.9%	8	42.1%
西班牙	13	59.1%	9	40.9%	13	68.4%	6	31.6%
瑞士	9	81.8%	2	18.2%	16	84.2%	3	15.8%
伊朗	1	14.3%	6	85.7%	6	33.3%	12	66.7%
马来西亚	0	—	0	—	7	41.2%	10	58.8%
挪威	7	77.8%	2	22.2%	11	68.8%	5	31.3%
俄罗斯	4	57.1%	3	42.9%	2	13.3%	13	76.7%

注：Top20 国家是根据 2014—2018 年 WoS 论文数遴选。份额是指占本国份额。
"—"表示占比为 0。

2.2.2.2 国际合作网络

上节从国际合作论文数量占本国份额的视角，解释了各国水环境承载力评价研究的国际合作强度。本节在构建国际合作关联数据的基础上，绘制了国际合作网络图（图 2-11），旨在描述各国在该领域国际合作研究的紧密程度，展示了水环境承载力评价研究在 2009 年、2013 年和 2018 年三个年度的合作网络。可以看出，在相同的阈值下，2018 年国际合作网络的节点数（国家）和连线数（国家之间的合作链）均高于 2009 年和 2013 年，可见 2018 年水环境承载力评价研究的国际合作紧密程度高于过去 10 年。由此可知，该领域国际合作呈现出日益紧密的特征，越来越多的国家参与该领域的国际合作研究。

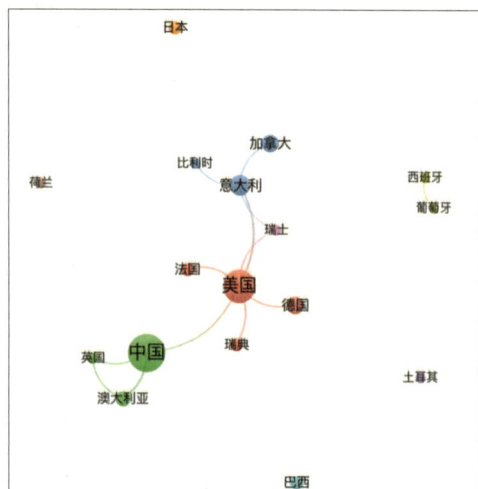

2009 年

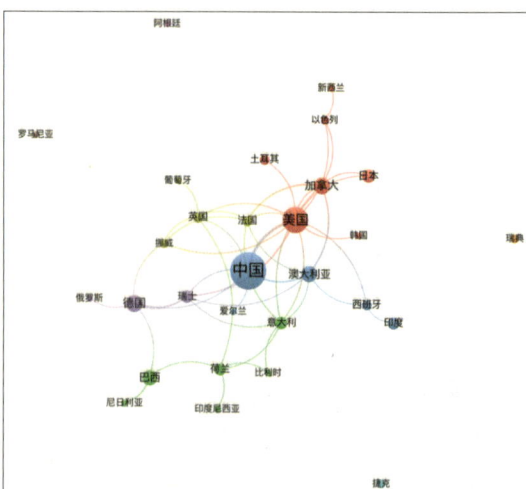

2013 年

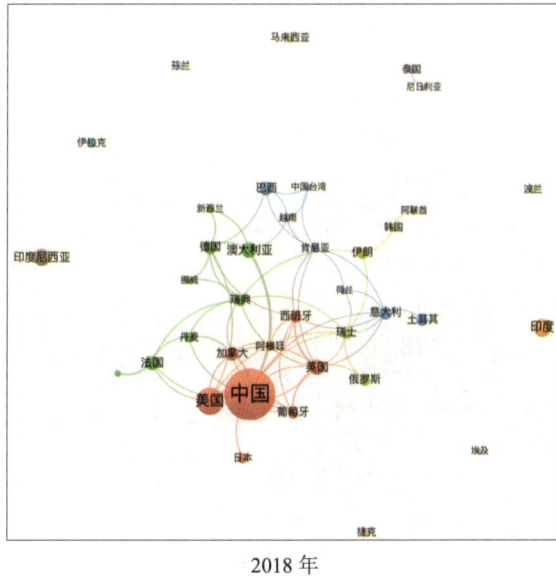

2018 年

图 2-11　2009 年、2013 年和 2018 年水环境承载力评价领域 WoS 论文国际合作网络

从国际网络的节点簇来看，2009 年的国家合作簇主要分为 3 部分，分别以中国、美国和意大利为主；2013 年合作簇增多，围绕德国和英国的合作在增加；到 2018 年，中国、美国、英国和加拿大等国在该领域集中合作，同时瑞典、法国和意大利等欧洲国家也分别形成合作小团体。

2.2.3　研究主题分析

在对水环境承载力评价领域世界各国的研究规模、学术影响力以及国际合作文献计量研究的基础上，本书对领域的研究内容进行概括分析，旨在把握该领域当前的研究重心以及研究发展趋势。

2.2.3.1　主要研究主题及其演化分析

（1）该领域整体研究主题分析

通过抽取 1982—2019 年水环境承载力评价领域 WoS 论文的关键词构建主题云图（图 2-12）。图 2-12 的关键词分布揭示出当前水环境承载力评价研究主要包括四类研究主题：①人口、气候、文化、农业等社会因素对水环境承载力评价的影响；②生态环境类指标研究；③土地类指标研究；④水资源、水环境类指标研究。

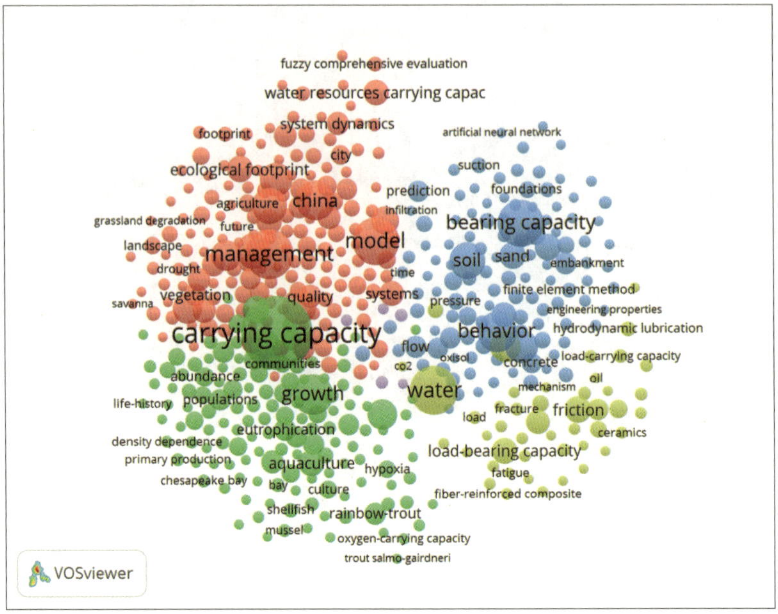

图 2-12　1982—2019 年该领域 WoS 论文主题云图

（2）该领域论文关键词演化分析

图 2-13 展示了水环境承载力评价领域 WoS 论文的关键词随时间的变化趋势，由 1982—2019 年关键词变化可知，水环境承载力评价的早期研究以人口、气候等传统的宽泛评价指标为主。近年来，研究逐渐向生态、土地、水资源等具化指标演变，尤其 2014—2018 年以生态类和土地类指标研究为主。

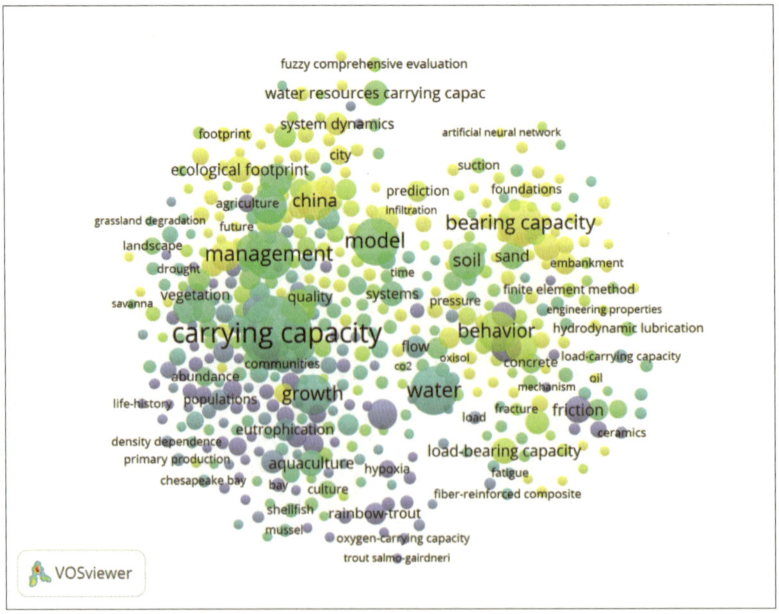

图 2-13　1982—2019 年水环境承载力评价领域 WoS 论文关键词演化

2.2.3.2　中美研究主题对比分析

通过 2014—2018 年中国和美国水环境承载力评价领域 WoS 论文关键词云图（图 2-14），可以对比分析中国和美国研究主题的差异。

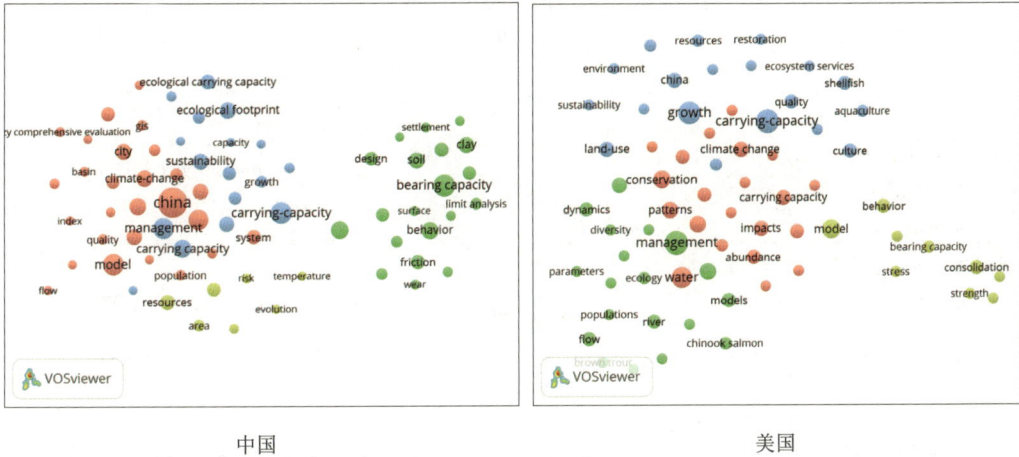

中国　　　　　　　　　　　　　　　　　　　美国

图 2-14　2014—2018 年中国和美国水环境承载力评价领域 WoS 论文关键词云图

2.2.3.3　高被引论文内容分析

表 2-4 为 1982—2019 年该领域中 10 篇高被引论文[23-32]情况，表 2-5 为按被引频次降序排列 2010—2019 年发表的前 30 篇论文[16, 27-31, 33-57]情况。

表 2-4　1982—2019 年该领域 WoS 高被引论文

题目	来源	年份	数字对象唯一标识符
Mix-design parameters and real-life considerations in the pursuit of lower environmental impact inorganic polymers	WASTE AND BIOMASS VALORIZATION	2018	10.1007/s12649-017-9877-1
Antioxidant defense system，immune response and erythron profile modulation in gold fish，carassius auratus，after acute manganese treatment	FISH & SHELLFISH IMMUNOLOGY	2018	10.1016/j.fsi.2018.02.042
Index system of urban resource and environment carrying capacity based on ecological civilization	ENVIRONMENTAL IMPACT ASSESSMENT REVIEW	2018	10.1016/j.eiar.2017.11.002
The interaction of human population，food production，and biodiversity protection	SCIENCE	2017	10.1126/science.aal2011
Hydrous mantle transition zone indicated by ringwoodite included within diamond	NATURE	2014	10.1038/nature13080

题目	来源	年份	数字对象唯一标识符
Mapping recreation and ecotourism as a cultural ecosystem service：an application at the local level in Southern Chile	APPLIED GEOGRAPHY	2013	10.1016/j.apgeog.2012.12.004
Geotechnical stability analysis	GEOTECHNIQUE	2013	10.1680/geot.12.RL.001
Mega-fires，tipping points and ecosystem services：managing forests and woodlands in an uncertain future	FOREST ECOLOGY AND MANAGEMENT	2013	10.1016/j.foreco.2012.11.039
No-till in northern，western and south-western Europe：a review of problems and opportunities for crop production and the environment	SOIL & TILLAGE RESEARCH	2012	10.1016/j.still.2011.10.015
Effects of climate changes on animal production and sustainability of livestock systems	LIVESTOCK SCIENCE	2010	10.1016/j.livsci.2010.02.011

表 2-5　2010—2019 年该领域 WoS 被引频次 Top30 论文

题目	来源	年份	数字对象唯一标识符
No-till in northern，western and south-western Europe：a review of problems and opportunities for crop production and the environment	SOIL & TILLAGE RESEARCH	2012	10.1016/j.still.2011.10.015
Hydrous mantle transition zone indicated by ringwoodite included within diamond	NATURE	2014	10.1038/nature13080
Increased tree densities in South African savannas：>50 years of data suggests CO_2 as a driver	GLOBAL CHANGE BIOLOGY	2012	10.1111/j.1365-2486.2011.02561.x
Geotechnical stability analysis	GEOTECHNIQUE	2013	10.1680/geot.12.RL.001
Toward a Life Cycle-Based，Diet-level Framework for Food Environmental Impact and Nutritional Quality Assessment：A Critical Review	ENVIRONMENTAL SCIENCE & TECHNOLOGY	2013	10.1021/es4025113
Mechanistic effects of low-flow hydrology on riverine ecosystems：ecological principles and consequences of alteration	FRESHWATER SCIENCE	2012	10.1899/12-002.1
Friction and wear behavior of laser textured surface under lubricated initial point contact	WEAR	2011	10.1016/j.wear.2010.12.049
Strength development in cement admixed Bangkok clay：laboratory and field investigations	SOILS AND FOUNDATIONS	2011	10.3208/sandf.51.239
Theoretical exploration for the combination of the ecological，energy，carbon，and water footprints：overview of a footprint family	ECOLOGICAL INDICATORS	2014	10.1016/j.ecolind.2013.08.017

题目	来源	年份	数字对象唯一标识符
Projected expansion of the subtropical biome and contraction of the temperate and equatorial upwelling biomes in the North Pacific under global warming	ICES JOURNAL OF MARINE SCIENCE	2011	10.1093/icesjms/fsq198
The effect of surface texturing on reducing the friction and wear of steel under lubricated sliding contact	APPLIED SURFACE SCIENCE	2013	10.1016/j.apsusc.2013.02.013
Fatigue of dental ceramics	JOURNAL OF DENTISTRY	2013	10.1016/j.jdent.2013.10.007
Mega-fires，tipping points and ecosystem services：managing forests and woodlands in an uncertain future	FOREST ECOLOGY AND MANAGEMENT	2013	10.1016/j.foreco.2012.11.039
FLUIDS IN THE CONTINENTAL CRUST	GEOCHEMICAL PERSPECTIVES	2014	10.7185/geochempersp.3.1
Mapping recreation and ecotourism as a cultural ecosystem service：an application at the local level in Southern Chile	APPLIED GEOGRAPHY	2013	10.1016/j.apgeog.2012.12.004
Global warming threatens the persistence of Mediterranean brown trout	GLOBAL CHANGE BIOLOGY	2011	10.1111/j.1365-2486.2011.02608.x
Environmental impact assessments of the Three Gorges Project in China：issues and interventions	EARTH-SCIENCE REVIEWS	2013	10.1016/j.earscirev.2013.05.007
Root Effect Hemoglobin May Have Evolved to Enhance General Tissue Oxygen Delivery	SCIENCE	2013	10.1126/science.1233692
Developing a broader scientific foundation for river restoration：Columbia River food webs	PROCEEDINGS OF THE NATIONAL ACADEMY OF SCIENCES	2012	10.1073/pnas.1213408109
Site selection for shellfish aquaculture by means of GIS and farm-scale models，with an emphasis on data-poor environments	AQUACULTURE	2011	10.1016/j.aquaculture.2011.05.033
An urban metabolism and ecological footprint assessment of Metro Vancouver	JOURNAL OF ENVIRONMENTAL MANAGEMENT	2013	10.1016/j.jenvman.2013.03.009
Water-controlled wealth of nations	PROCEEDINGS OF THE NATIONAL ACADEMY OF SCIENCES	2013	10.1073/pnas.1222452110
Emergy evaluation and economic analysis of three wetland fish farming systems in Nansi Lake area，China	JOURNAL OF ENVIRONMENTAL MANAGEMENT	2011	10.1016/j.jenvman.2010.10.005

题目	来源	年份	数字对象唯一标识符
Socio-hydrologic perspectives of the co-evolution of humans and water in the Tarim River basin，Western China：the Taiji-Tire model	HYDROLOGY AND EARTH SYSTEM SCIENCES	2014	10.5194/hess-18-1289-2014
Hydration Force between Mica Surfaces in Aqueous KCl Electrolyte Solution	LANGMUIR	2012	10.1021/la204603y
Introducing carrying capacity-based normalisation in LCA：framework and development of references at midpoint level	INTERNATIONAL JOURNAL OF LIFE CYCLE ASSESSMENT	2015	10.1007/s11367-015-0899-2
The effect of high fiber fraction on some mechanical properties of unidirectional glass fiber-reinforced composite	DENTAL MATERIALS	2011	10.1016/j.dental.2010.11.007
Assessment of Water Resources Carrying Capacity in Tianjin City of China	WATER RESOURCES MANAGEMENT	2011	10.1007/s11269-010-9730-9
A "fracture testing" based approach to assess crack healing of concrete with and without crystalline admixtures	CONSTRUCTION AND BUILDING MATERIALS	2014	10.1016/j.conbuildmat.2014.07.008
Utilization of siliceous-aluminous fly ash and cement for solidification of marine sediments	CONSTRUCTION AND BUILDING MATERIALS	2012	10.1016/j.conbuildmat.2012.04.024

2.3 水环境承载力研究进展

20 世纪 60 年代以后，随着人口、资源和环境问题日趋严重，人口和环境承载力得到了较多的研究和探讨，承载力成了探讨可持续发展问题所不能回避的概念，目前已在生态规划与管理等多个领域得到广泛的应用。水资源承载力（Water Resources Carrying Capacity，WRCC）和水环境承载力（Water Environmental Carrying Capacity，WECC）是承载力概念与水资源和水环境领域的结合，目前有关研究主要集中在我国，国外专门的研究较少，一般仅在可持续发展文献中被涉及。

2.3.1 国外研究进展

水环境承载力的理论雏形为水环境容量，1968 年首先由日本学者提出。日本为改善水和大气环境质量状况，提出污染排放总量控制问题[58]。欧美国家的学者较少使用环境容量这一术语，而是用同化容量、最大容许纳污量和水体容许排污水平等概念。20 世纪

60 年代以后，北美湖泊协会[59]曾对湖泊承载力进行定义；美国的 URS 公司对佛罗里达 Keys 流域的承载能力进行了研究，内容包括承载力的概念、研究方法和模型量化手段等方面。[60] 此外，Falkenmark 等[61]的一些研究也涉及水资源的承载限度。

2.3.2 国内研究进展

近年来，我国学者在水环境承载力的理论和实践等方面都进行了积极的探索，并取得了重大进展。

2.3.2.1 起步阶段（20 世纪 80 年代）

我国在承载力方面的研究起步于 20 世纪 80 年代学者们对水资源承载力的研究，并迅速引起学术界的高度关注，成为当时的研究热点。通过环境承载力概念与水环境领域研究的结合，水环境承载力的研究应运而生。这一时期水环境承载力主要以容纳能力、生态极限等形式出现，尚没有明确的水环境承载力的概念，研究方法以定性分析为主。因此这一阶段应该是水环境承载力研究的起步阶段。

2.3.2.2 兴起阶段（20 世纪 90 年代）

可持续发展在《21 世纪议程》中成为世界共同的发展战略目标，环境与发展的协调问题也被提到空前高度。鉴于此，20 世纪 90 年代初《本溪市新经济开发区水环境规划》提出了水环境承载力的概念，即某一地区、某一时间、某种状态下水环境对人类活动的支持能力。[62] 水环境承载力研究开始更多地关注概念、特征和研究方法等方面。[63-66] 该时期研究方法较为单一，以向量模法为主。研究多是水环境与人类活动的协调程度等内容，并非严格概念意义上的水环境承载力，而且忽略了生态环境的需水研究。因此，这一时期被称为水环境承载力研究的兴起阶段。

2.3.2.3 发展阶段（21 世纪至今）

进入 21 世纪，水环境承载力的研究深度在加深，可操作性不断提高，内容涉及承载对象、判定条件等方面。如蒋晓辉等[67]采用多目标函数界定了水环境承载力的承载对象；宋宏杰等[68]从浓度控制、总量控制和生态需水三方面论述了水环境承载力的判定条件。研究方法日趋多样化，系统科学、模糊数学和灰色系统等理论逐渐被引入该领域，如张文国等[69]从水环境承载力概念的模糊性入手，运用模糊优选理论分析了华北某地的地下水环境承载力的变化趋势；李如忠等[70]针对水环境系统对社会经济系统影响的随机不确定性，建立了区域水环境承载力评价模糊随机优选模型。此外，研究成果越来越广泛地应用于环境管理、环境规划与区域发展等领域。[71-73] 水环境承载力研究进入了发展阶段。

2.3.3 "十一五"和"十二五"水专项相关研究成果

在水体污染控制与治理科技专项(简称水专项)"十一五"和"十二五"期间,开展了有关水环境承载力的大量研究工作,涉及的课题包括"流域水生态承载力与总量控制技术研究"(2008ZX07526-004)、"控制单元水质目标管理技术研究"(2009ZX07526-005)、"重点流域环境流量保障与容量总量控制管理关键技术与应用示范"(2013ZX07501004)及"控制单元水生态承载力与污染物总量控制技术研究与示范"(2013ZX07501-005)。

2.3.3.1 流域水生态承载力与总量控制

根据流域水生态承载力研究中的需求,提出基于水生态功能分区、流域总量控制管理的集成系统总体架构。建立流域水环境系统综合数据库,研发适宜流域水环境综合管理的流域数字水环境系统可视化技术;将流域水生态承载力和总量控制的模型、数据、方案等成果与三维数字流域技术相结合,构建基于三维数字流域技术的流域水生态承载力与总量控制技术集成系统。该系统以流域水环境系统为核心,着眼全局,用数字化的手段刻画整个流域,覆盖全流域的整体模型作为基础,模拟流域的环境现象和过程,处理大量的流域信息,这些信息包括流域水文水环境信息、流域水工程信息、流域经济社会发展信息,以模拟流域水文循环过程、水化学过程、经济社会发展及污染排放过程等关键过程,揭示流域污染源迁移转化和水体水质响应变化的规律,服务于流域水环境管理实践。

2.3.3.2 控制单元水质目标管理

本书以流域水生态功能分区、水环境基准与标准为基础,针对控制单元水环境问题,筛选城市河段、感潮河段、北方缺水河流、山区水库、平原河网共 5 类典型控制单元,重点突破控制单元划分技术、污染物控制指标与水质目标确定技术、水环境问题诊断技术、污染负荷核定技术、水环境模型构建技术、污染物总量分配技术,以及水质目标管理效果监控评估技术。基于地表水水环境模型的选择原则和技术要点,以及模型参数的识别技术,研发了一种适合于河流型控制单元水动力与污染物输运模型的稳定高效求解算法,建立了基于 GIS 环境模型、集成水动力模型、水质模型和总量规划模型的控制单元水环境质量与污染负荷响应关系模型系统,为污染负荷与水质响应关系计算及水环境管理提供了必要的工具。

2.3.3.3 重点流域环境流量保障与容量总量控制管理

针对辽河流域生态恢复需求,结合流域水资源状况及最严格水资源管理制度,分析识别了辽河流域河流环境保护目标和分区、分类生态保护目标,以及提出了辽河流域环境流量管理分区、分类、分期、分级的计算分析方法及环境流量效益的分析方法，建构了辽河流域环境流量计算分析技术体系，形成了辽河流域环境流量管理方案。研发了辽河流域水环境模型，提出了基于流域水生态功能分区的流域多级容量总量计算分解技术方法，形成了水（生态）功能区（分区）及其控制单元（流域分级）、不同水期（月设计水文过程）、不同规划期（流域水质阶段控制目标）的容量总量计算与分配技术方法，形成了辽河干流入河排污口及支流口的污染入河负荷支流控制方案、浑太流域容量总量方案，按照业务化运行要求研发了辽河保护区限制入河管理系统。

2.3.3.4 控制单元水生态承载力与污染物总量控制

在水生态承载力内涵的基础上，建立了水生态问题诊断方法，构建了水生态承载力评估模型，提出了产业结构和布局优化的技术方案，并提出了辽河流域铁岭市、太湖流域常州市水生态承载力评估与优化调控方案。基于系统动力学建立了一个综合集成的水生态承载力评估模型（WECC-SDM），融合了评估涉及的人口、经济、水资源、水环境、土地利用和水生态等方面的多个模型和方法，直接聚焦承压关系的薄弱环节，能够动态模拟系统要素和主要作用关系的变化趋势。基于复合水生态系统理论，设计六大子模块：人口和经济子模块、水资源子模块、水环境子模块、土地利用子模块、水生态子模块和承压分析与调控子模块。基于承压分析与调控子模块，围绕主要承压关系、污染负荷-河流水质响应关系、水资源可利用量等，计算承载力大小和承载状态，进行动态模拟和调控。

2.3.4 研究成果与存在的问题

2.3.4.1 研究成果

建立控制单元分级水质目标管理技术体系，突破水生态承载力调控、流域水环境容量分配、控制单元水质目标管理和排污许可管理等关键技术。形成"水生态健康目标—水污染关键胁迫过程解析—流域总量分配—控制单元日最大排放负荷—污染源排放许可"为主线的容量总量控制技术体系。

2.3.4.2 存在的问题

以上涉及的水环境容量、水环境承载力及水生态承载力都是以流域为基底，将流域划分为若干个子流域（控制单元），研发了相应的数学模型或者经验模型，计算或核算了控制单元的承载力或环境容量。由于控制单元是在流域层面划分的，与行政管理边界不相吻合，导致控制单元容量总量控制需要落实到污染源，在控制对象与控制方案可行性评估方面存在一定的难度。

此外，水环境容量法与污染物排放量紧密相关，可以进一步对经济社会采取限制性措施。该方法计算结果深受选择模型、参数等因素的影响，导致结果误差较大，不能真实、客观反映水环境承载能力。指标体系法是基于压力-状态-压力关系或自然-经济-社会和谐发展状态建立的评估方法，该方法具有数据真实客观、易获取、方法简单、工作量小等优点，可以进一步对经济社会做出限制性措施，但该评估结果跟现有的水环境质量状况相关性不强。因此，本研究将水环境质量指标纳入评估指标体系，增强其与水环境的联系。

2.3.5　"十三五"水专项中涉及水环境承载力的研究

基于"十一五"和"十二五"水专项中的流域水生态承载力和环境容量研究，"十三五"水专项重点开展水环境承载力计算/核算方法总结与实践应用研究，研发水环境承载力评估与预警技术。识别影响水环境承载力的主控因子，筛选调控水环境承载力的关键因子，建立水环境承载力调控机制，为实现经济社会高质量绿色发展提供了基础支撑，为"五位一体"的发展模式提供了有效的生态环境约束。

2.4　水环境承载力理论基础

水环境承载力理论基础包括可持续发展理论、环境资源稀缺理论、产业协同发展减排理论、系统动力学理论和城市水环境系统理论等，如图 2-15 所示。

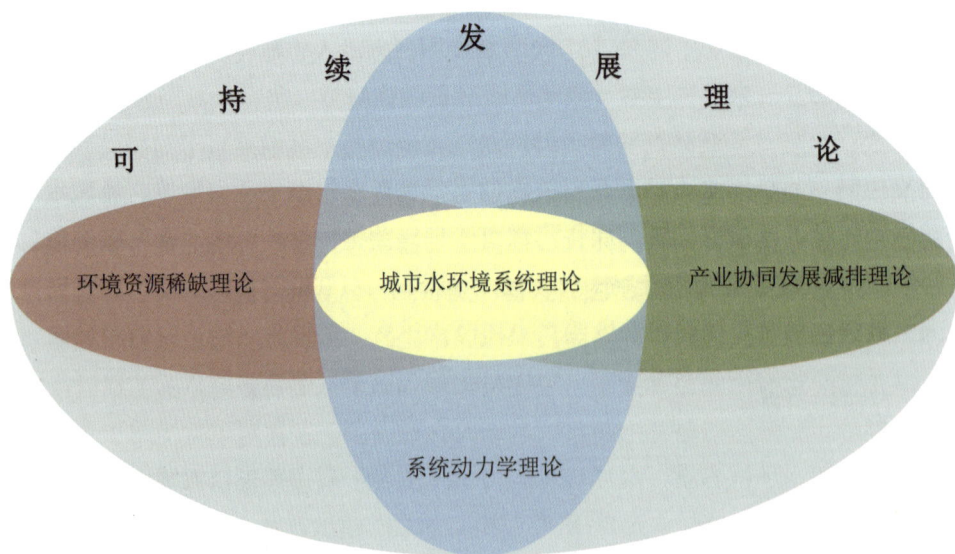

图 2-15　城市水环境承载力理论基础

水环境承载力理论基础是在可持续发展理论的框架下，即自然-经济-社会系统的持续协调发展，在建立一种新型的"人地关系"基础上，基于考虑环境资源稀缺理论与区域产业协同发展减排理论的交集，即"三水统筹"（水资源、水环境和水生态），以系统动力学理论为脉络，以城市水环境系统为维度，构建水环境承载力理论基础体系。

2.4.1 可持续发展理论

2.4.1.1 可持续发展内涵

可持续发展比较公认的概念是联合国环境规划署理事会第15届会议确定的，可持续发展是指既满足当代人的需求又不对后代人满足其需求构成危害的发展。这一概念从广义上讲，就是指在充分考虑时间和空间状态基础上的自然-经济-社会系统的持续协调发展；在狭义上讲，则可以理解为资源和环境的持续发展，即以最小的资源和环境代价取得最大的经济效益。在资源环境与发展的关系上、在人与自然和人与人之间的关系上、在国与国和区域与区域之间的关系上、在上代人和下代人之间的关系上我们应当具有更多的和谐性、公平性和持久性；在普遍谋求经济增长的同时，我们更应该关注自然-经济-社会系统的整体协调发展。因此，从根本上来说，可持续发展的实质应该是反映了一种新的"人地关系"。它的核心在于正确辨识"人与自然"和"人与人"之间的关系，要求在人与自然和人与人的关系不断优化的前提下，实现经济效益、社会效益和生态效益的有机协调，使社会的发展获得可持续性。

2.4.1.2 可持续发展内容

（1）核心思想

可持续发展的思想包括四个方面：第一，纠正单纯注重经济增长，忽视环境资源保护的传统模式。强调在经济增长的同时，必须注意自然资源的合理开发与环境保护相协调，使发展建立在资源可持续利用和良好的生态环境基础上。第二，强调人的需求不断满足、经济社会的不断发展和人的生活水平不断提高，特别是对贫困人群需求的满足。第三，提倡伦理观念和公平性，主张国与国之间、地区与地区之间、当代人和下代人之间，都具有享有这些资源环境的权利，同时也负有保护资源环境永续利用的责任。第四，发展不仅仅是一个经济增长过程，它也是一个自然-经济-社会系统趋向更加均衡、更加和谐、更加互补的进化过程。

（2）实践内容

可持续发展的实施内容，主要应包括以下四点：第一，贫穷的根除，以便于制止资源的退化；这同时要求进行社会经济体制的改革。第二，清洁或更清洁的工艺以减少环境污染，它要求对一切新的生产方案进行环境影响的评估。第三，使人口增长放慢，以便减轻人口对自然资源的压力。第四，环境成本内在化，以便减少有害排泄物的流出和危险物对环境的污染和破坏。

（3）衡量体系

持续发展的水平可以通过以下五个基本要素及其之间的复杂关系去衡量：第一，资源的承载能力，即"基础支持系统"，是指一个国家或地区人均资源数量和质量，以及其对于该空间内世代人口基本生存和发展的支撑能力。第二，区域的生产能力，即"动力支持系统"，是指一个国家或地区在资源、人力、技术和资本的总体水平上，可以转化为产品和服务的能力。第三，环境的缓冲能力，即"容量支持系统"，指人们对资源的开发、对生产的发展、对废物的处理，均应维持在环境允许的限度之内。第四，进程的稳定能力，即"过程支持系统"，是指系统抗拒自然波动和社会经济波动的抗干扰能力以及系统的弹性恢复能力。第五，管理的调节能力，即"智力支持系统"，是指为了适应可持续发展要求的人的认识能力、决策能力和对系统的驾御能力等。通过对上述五个要素的综合判断，可以衡量出一个国家或地区的持续发展能力以及持续发展潜力。

2.4.2 环境资源稀缺理论

2.4.2.1 资源稀缺理论

资源的稀缺是人类自身产生出来的，人类不断地想要获得更高的生活质量，而这种渴望本身会遇到时间、空间和各种资源的限制，资源的稀缺是资源的自然有限性导致的。

（1）资源的内涵

资源是指对人有用或有使用价值的某种东西，狭义的资源主要指自然资源，即生产资料和生活资料的天然来源，是自然界形成的可供人类利用的一切物质和能量的总称。资源价值关乎经济发展中资源的有偿使用，正确衡量资源价值是合理保护与利用资源的前提。

（2）资源绝对稀缺

在可获取的自然资源存量没有到达极限之前，环境质量是不变的，不存在边际成本上升和收益递减现象。随着环境资源不断地被利用，突破自然资源存量的极限，边际费用会不断增加，经济收益会不断下降。最终导致人类在资源替代方面无能为力，经济发展就会在没有任何调整机会的情况下突然停滞。

（3）资源相对稀缺

资源质量是变化的，不存在环境资源的绝对稀缺，只有资源质量下降的相对稀缺。当资源利用达到存量的极限时，资源质量下降，稀缺性上升，单位生产的边际成本提高，出现相对稀缺性特征。当稀缺资源被转化为以成本变化形式反映的相对稀缺性时，经济社会系统会自动通过寻求某种资源来替代这一相对稀缺自然资源的方式对价格信号做出反映，以获得更大的经济利益。不断上升的相对成本会刺激技术进步，产生经济质量更优越的替代性资源，经济增长可能使特定资源存量出现暂时的不断增强的相对性稀缺，但不会导致对经济增长的绝对约束。

2.4.2.2　环境资源稀缺的功能特征及内涵

（1）环境资源稀缺的功能特征

环境资源稀缺表现出 3 个经济功能特征：一是环境提供了工业生产过程所必需的原材料和能源，包括不可再生资源、可再生资源、半可再生资源；二是环境具有吸收、容纳、降解工业生产过程所排放废物的功能，这一功能常具有公共特征，存在于市场交换关系之外，环境有限的承载力表明了这一功能也具有稀缺性；三是环境向个体和工业生产系统提供一种自然服务流，这涉及工业生产过程与环境间物质和能量的直接物理交换和个体直接的福利。

（2）环境资源稀缺的内涵

环境资源稀缺问题在于随着环境资源的不断开发和利用，环境质量下降，环境资源的相对稀缺性日益严重，这是短期自然资源稀缺问题。当环境提供的物质资源和能量超过了环境再生能力和容纳的废物的承载力时，环境必然要经历生态损害和恶化过程。如果环境质量的下降长期得不到改善，成为累积性的问题，从长期来看就将永久地破坏生态稳定性和恢复力，从而导致对经济持续发展的绝对稀缺性约束，最终破坏经济过程的稳定和人类的福利。

2.4.3　产业协同发展减排理论

2.4.3.1　区域产业协同发展理论

区域产业协同发展的过程是不同地区间企业在分工中集聚、转移、合作的过程。协同论强调系统中子系统的相互合作，正是子系统的相互协作，才能推进系统的演化，才有可能产生"1+1＞2"的效果。

（1）产业集聚理论

产业集聚理论从区位、竞争优势、空间经济联系等角度分析了集群产生的原因、进程以及影响，对区域产业协同发展过程中主导产业选择、产业布局、区域竞争力提升等具有重要的理论指导意义。当一个地区具备一种产业的区位优势时，产业集聚效应就会产生，这种集聚经济具备自身增强机制，通过共享劳动力市场、中间投入品、技术与信息等方式，促进同类企业的进入及辅助性产业的发展。在产业转移过程中，选择同类别产业集聚度较高的地区，可以使得新进入的产业能够享受已经具备的劳动力市场、中间投入品和技术。

（2）区域分工理论

区域分工是区域之间经济联系的一种形式。各个区域之间存在着经济发展条件和基础方面的差异，因此，在资源和要素不能完全、自由流动的情况下，为满足各自生产、生活方面的多种需求，提高经济效益，各个区域在经济交往中就必然要按照比较利益的原则，选择和发展具有优势的产业。于是，在区域之间就产生了分工，通常包括成本说、要素禀赋学说和新贸易说。区域分工的意义在于，能够使各区域充分发挥资源、要素、区位等方面的优势，进行专业化生产；合理利用资源，推动生产技术的提高和创新，提高产品质量和管理水平；有利于提高各区域的经济效益和国民经济发展的总体效益。

（3）产业转移理论

产业转移是一个具有时间和空间维度的动态过程，是国家间或地区间产业分工形成的重要因素。产业转移理论涉及条件论、空间论、进退论、过程论和要素整合论等。条件论认为产业转移是由于资源供给或产品需求条件发生变化，某些产业从一个地区或国家转移到另一个地区或国家的一种经济过程，产业转移是经济发展过程中区域间比较优势转化的必然结果，是发达地区向落后地区不断转移已经丧失优势的产业的过程。空间论认为产业转移是以企业为主导的经济活动，其重点是生产设施的空间扩张或者移动，产业转移是发达区域的部分企业通过跨区域投资，把部分产业的生产转移到发展中区域，从而在产业的空间分布上表现出该产业由发达区域向发展中区域转移的现象。进退论认为产业转移是"进"与"退"的统一体：一方面要引进来，即将一些新兴产业和有发展前景的产业引进来；另一方面要退出去，即将一些落后的传统产业淘汰掉和转移出去。过程论认为，产业转移的定义是紧紧跟随产业转移的实践演进的，要先界定区域范围和产业，然后再在这个产业和区域范围内展开研究和讨论，因此产业转移是一个动态连续过程。要素整合论认为，产业转移是在市场机制运行条件下通过对区域内各种资源要素的整合和利用，使区域经济发展产生最佳效益的现象。

（4）产业关联理论

产业关联理论又称投入产出理论，主要研究存在于社会经济活动过程中各产业之间广泛的、复杂的和密切的技术经济联系。主要方法是运用产业联系表（即投入产出表、列昂惕夫表），通过对产业联系表的定量分析，研究一国或一地区在一定时期内的社会再生产过程中产业间的技术经济联系，从而为经济预测、计划制订、政策研究、经济分析和经济控制服务。产业关联理论的产生和发展在经济学史上具有重要的理论意义和实践意义。从理论上看，产业关联理论把"经济理论的空盒子"充实了经济事实和统计数字，把事实与理论很好地结合起来，实现了质与量的统一。

2.4.3.2 区域产业协同发展减排的作用机制

分工与协作是区域产业协同发展的重要推动力，是产业集聚和产业链形成的前提；产业集群是区域产业协同发展中企业获取竞争优势的重要载体，使专业分工与产业链相辅相成；产业链是区域产业协同发展形成的纽带，对专业分工具有促进作用。分工与协作、产业集聚、产业链是实现区域产业协同发展的重要途径，也是区域产业协同发展的必然结果。

（1）产业集聚对污染物排放的影响

充分利用集聚区内污染物集中处理设施，降低企业环境成本和生产成本，企业才能通过交流与合作推动技术进步，提高绿色生产率，实现污染物排放量的下降。集聚方式对减排的影响主要取决于集聚区内产业链的长短。集聚区内产业链越长，越有利于循环经济的开展，基于投入产出关联技术的扩散，还可以推进技术融合。集聚区内产业链越短，企业间多样不相关性越大，此时的集聚不仅无法实现减排，还可能因集聚区基础设施不完善导致污染物排放增加。

（2）产业链对污染物排放的影响

产业链的污染物排放受循环经济、技术融合以及环境成本的影响。在循环经济理论及物质平衡理论中，污染物可以通过循环利用的方式被再次应用于生产，产业链是这一模式能否实现的关键。工业生产过程中，同一产业链上的企业存在投入产出关联，上游企业生产过程中产生的废弃物除了收回用于自身的再生产外，也可以用于下游企业的生产，最终排放至环境的污染物显著降低。企业除了生产环节可以发展循环经济外，还可以回收被消费的产品并将其用于生产，实现经济系统下的循环，不仅降低工业废弃物排放量，还降低了生活污染排放量。

（3）分工对污染物排放的影响

自然性优势取决于资源禀赋，获得性优势则取决于技术进步和经验积累。技术水平的不同恰恰会形成区域间价值链上的分工。因此，分工对污染物排放的影响取决于资源禀赋及价值链地位。对于增长极地区来说，分工使增长极地区优先发展高附加值、低污染的产业，污染产业在激烈的竞争中丧失优势，向边缘地区转移，增长极地区产业结构得到优化，污染物排放量降低。对于边缘地区来说，初始阶段就存在分工上的差异，边缘地区产业结构及产业发展程度滞后于增长极地区，除了当地企业生产活动对环境造成污染外，增长极地区污染企业的转移也增加了边缘地区污染物的排放基数。但是在经济发展的中后期，增长极地区以低污染产业为主，此时分工导致的产业转移对于承接地来说有利于降低污染物排放。分工使企业围绕某个生产环节形成集聚，在监管有利、污染治理设施完善的情况下，有利于降低污染物排放量。因此，不同阶段，分工会对不同地区污染物排放产生影响。

（4）产业集聚+产业链对污染物排放的影响

从集聚区的角度看，产业链在集聚区的延伸有助于多样化集聚的形成。多样化集聚以产业链为基础，以专业分工和协同合作为支撑，通过投入产出关联带动区域内企业交流合作。一方面，多样化集聚存在投入产出关联，开展循环经济可以获得良好的减排效果。另一方面，多样化集聚的过程也是产业融合的过程，技术进步同样会降低污染物排放水平。但是，如果集聚区产业链短，发展水平及进入门槛低，集聚区内可能存在产业多样不相关的情况。当产业多样不相关时，污染处理设施共享性降低，技术交流与融合存在阻碍，拥挤成本大于技术溢出效应，易造成环境污染。

（5）产业集聚+分工对污染物排放的影响

分工过程中，同类企业集聚会形成专业化集聚区。专业化集聚对污染物排放的影响取决于规模效应和技术溢出效应。大量同质企业形成的专业化集聚区会因集中排放造成某种环境资源的短缺，当这种环境资源被消耗殆尽时，集聚区对环境的破环程度远大于非集聚区。另外，价值链同一环节上的企业聚集，容易使企业间污染排放产生叠加作用，进一步加大环境污染的累积效应。但是，集聚区同质企业保持在适度规模时，专业化集聚可以快速提升技术水平，降低污染物排放。

（6）分工+产业链对污染物排放的影响

产业链分工会使综合性企业将生产、研发、设计、销售等环节分散于不同地区。企业在垂直分离的过程中，利用增长极地区技术、人力资本优势，将研发、设计等环节布局在增长极地区，利用边缘地区低成本优势，将生产环节布局在边缘地区。相应地，增长极地区污染物排放不断降低，边缘地区污染物排放先上升，之后伴随着技术进步、产业结构优化，污染物排放呈下降趋势。中小企业则会围绕产业链的一个环节进行生产，随着专业化水平的提升，企业生产效率提高，单位产品消耗的资源及排放的污染物都会下降。但是，在市场饱和的情况下，中小企业竞争加剧，为了降低环境成本，可能进行偷排，导致污染物排放量增加。

2.4.4 系统动力学理论

2.4.4.1 系统动力学内涵

系统动力学（system dynamics，SD）是一门分析研究信息反馈系统的学科，同时也是一门认识系统问题和解决系统问题的综合性交叉新学科。其研究对象主要是针对复杂的、非线性的、具有高阶次特点的、带有信息反馈的一系列综合性问题建立模型，通过原始数据的输入进行仿真来实现对问题的求解，并提出解决问题的思路和具体方法。从本质上来说，系统动力学是系统科学和管理科学的综合性交叉学科。系统动力学是在以往的研究中运用简单的运筹学或统计学方法不能解决一系列复杂的综合问题的背景下而诞生和发展起来的。

2.4.4.2 系统动力学特征

相对于马尔科夫链预测、线性规划等多因素分析方法，系统动力学具有更为明显的优势，主要包括以下几点：一是系统动力学可以对所研究的主要对象在时间上进行分析，并且这种分析是动态的。而且对系统设定的各种控制因素间的相互关系和隐含的反馈回路有明确的认识，从而在某种控制因素变化时对系统的行为和发展有更好的把握。二是以计算机为工具、以仿真实验为基本手段，通过定性分析与定量分析相结合，对系统的动态行为进行分析。三是应用范围特别广泛，已在很多领域得到成熟应用。

2.4.4.3 系统动力学建模

运用系统动力学建立模型来解决问题，首先要明确模型建立的目的，确立问题与目标，并确立系统的边界，然后根据研究系统的特点，进行系统的结构分析，划分子系统，确定结构内部的主要因果反馈关系，绘制各子系统的流程图，确立相应的方程式，建立系统动力学仿真模型。系统动力学建模步骤大体可分为六步：一是明确研究目标。对需要研究的系统进行充分的了解，通过资料收集、调查统计，用系统动力学的理论、原理和方法，根据系统内部各子系统之间存在的相互关系，确立问题与目标。二是确立系统边界。对研究目标产生的原因形成动态假设，并确定系统边界范围，包括时间边界和空间边界两部分。系统边界范围的确定对整个系统构建过程中的系统结构和因素的数量起着决定性作用，系统范围大，内部因素数量就多，反之亦然。三是因果关系分析。进行系统的结构分析，划分子系统，并确定各子系统内部结构，以及系统与各子系统之间的内在联系和因果关系。通过绘制因果关系反馈图，确定总体的与局部的反馈机制。四是构建模型。分别绘制各子系统的系统流程图，并将其进行组合，构成整个系统的流程图，确立相应的方程式。其中绘制系统流程图的过程将系统变量与结构符号有机结合，是构建系统动力学模型过程中的核心部分，明确表示了研究对象的行为机制和量化指标。五是模型模拟。基于已经绘制完成的系统流程图，在模型中对各变量进行系统方程式的编辑，对其进行赋值和确定单位，并进行模型检验和单位检验，模拟得到预测数值及对应的图表，再根据研究目标，对系统边界、内部结构进行反馈调整，从而实现完整的系统模拟。六是结果分析。根据模型对各方案的模拟所得的结果进行分析、预测、设计、测试，并从中选定最优化方案。

2.4.5 城市水环境系统理论

城市水环境系统是支撑城市社会经济系统运行的重要基础设施，城市水环境既具有自然属性，又具有社会经济特征。城市中水存在形式具有多样性、时空分布差异性和有限性，具有可再生性、经济价值性和生态环境功能性。因此，城市水环境是人工强化了的自然水环境系统，是一个复杂多目标系统，包括自然水环境、社会水环境和经济水环境系统（图2-16），自然水环境是基础，高效的经济水环境是核心，健康的社会水环境是本质。以水环境生态安全和经济社会发展双赢为目标，在处理自然水环境和经济水环境之间供给与需求关系的基础上，对水环境进行修复和增容，构建健康的社会水环境系统；遵循水资源管理利用的"5R"原则（即减量化、再利用、再生使用、再循环、水资源管理），构建高效低碳的城市水经济系统，打造"人水和谐"的可持续城市水环境系统。

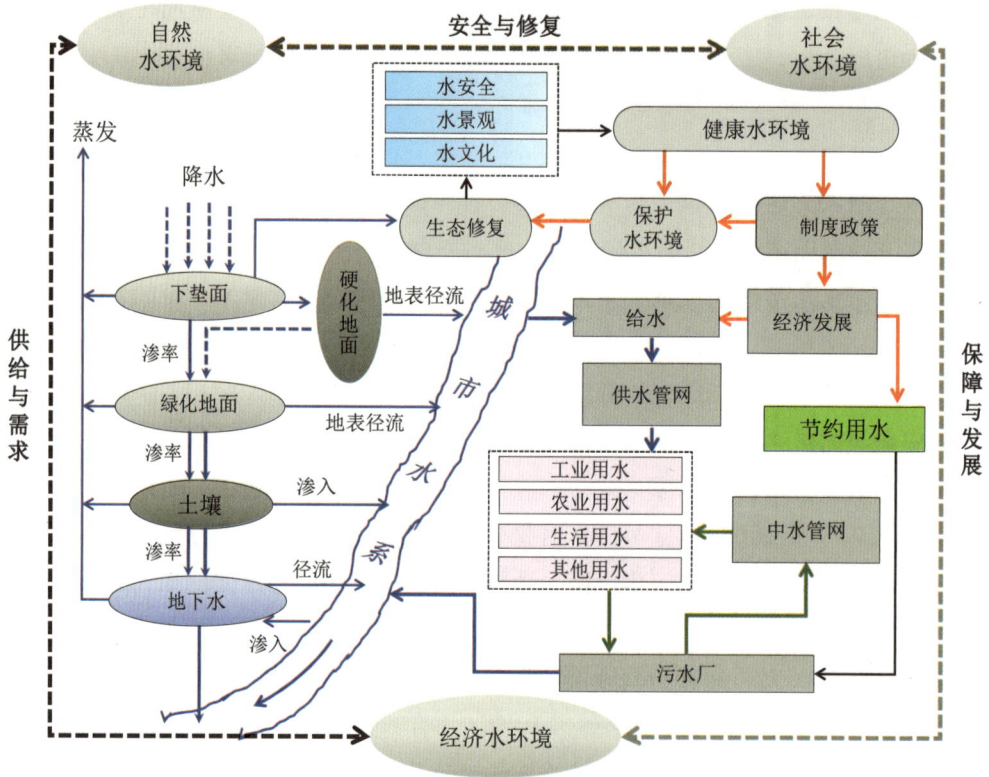

图2-16　城市水环境系统结构示意

2.4.5.1　城市自然水环境系统

城市自然水循环是指大气、地表水、地下水三者之间进行的降水、蒸发、蒸腾、地面径流、土壤渗透和补给等过程。自然水循环主要涉及城市水环境的自然因素，通常是相对水环境修复而言的。在城市自然水环境系统中，降水是城市水循环系统最主要的过程，对水环境恢复作用非常显著。降水以地表径流汇入水网或渗入地下，这个过程主要由地面透水性、坡度、土壤质地、降水强度和降水量决定。下渗到土壤中的水分部分被植物根系吸收或通过毛管吸力被保持在土壤层中，多余水进入地下含水层，补充地下水。

在城市化过程中，随着地面硬化率的增加，使得不透水地表面积增大，改变地表径流和下渗水量比重，削弱对地下水的补给功能。加大城市水系渠道化，在及时、迅速排除降水形成的地面径流的同时，会导致土壤侵蚀严重，土壤微粒冲入河流时，会引起河床淤积和水体污染，降低水体的行洪功能。由于人们对地下水过度开采，对地表水不合理的再分配，对水质的改变，削弱了城市自然水环境的行洪、生态、景观、文化等功能，影响整个城市水环境系统功能。

因此，基于健康的城市社会水环境和低碳经济水环境系统，恢复自然河道以及完善城市水网是构建城市自然水环境系统的基础，雨水资源化是可持续城市自然水环境系统的保障。在推进城镇化进程中，正确处理城市水系与城市空间的关系，按照整体规划理念，保证空间结构与河流水系融合。加强城市水系与周边建设用地的社会经济效益相互提升，还应注重与城市外围自然要素之间的连接。提升雨水收集与利用效率，增大下垫面透水率，增加绿化面积，改善屋面和路面材质等。基于城市水环境自然特质，建构城市自然水环境系统，创建宜居环境，营造良好的动植物生境，兼具社会、经济及生态综合效益。

2.4.5.2　城市经济水环境系统

水经济就是基于对水资源可持续利用，将治水、护水与开发水相协调而发展起来的经济。可持续水资源利用的根本目的就是满足人类经济社会及生态系统的水量需求，保障人类与生态系统健康的水质安全。随着城市规模扩大、人口增加、社会经济发展，人们对水环境质量和水资源数量需求不断增加，水环境问题日益突出。要解决这一问题的核心在于实施可持续发展的水循环经济，提高水资源利用率，实施水循环经济、节水经济和低水经济等措施。

水循环经济是将水在自然生态系统中的运动循环规律应用于经济系统中，是把经济、社会和环境三维复合系统整合起来的一种体现统筹发展思想的新经济，即水资源可持续利用的经济。节水经济是指调整优化配置水资源，改进用水方式，提高水的利用率，避免水资源的浪费。低水经济是指通过转变发展模式、技术创新等，尽可能减少对水资源的过度依赖和需求，以达到减少水资源的消耗，甚至实现脱水的发展方式。无论是水循环经济，还是节水经济和低水经济，实质都是提高水资源的利用率。

推进城镇化进程中，遵循水经济的 5R 原则，以水资源学与生态经济学为理论基础，通过技术创新工程措施，构建高效低碳的城市水经济系统，以政策与法规为支撑，采用科学综合管理措施，保障城市水经济系统的可持续发展。实现水资源的可持续利用，改变过去水资源—使用消费—污水排放的单向流动的线性经济，实现水资源—使用消费—污水再生处理—水再循环，形成水资源在经济-社会-环境复合生态系统中往复循环流动的水经济。

2.4.5.3 城市社会水环境系统

城市社会水环境是城市自然水环境系统和经济水环境系统建立的保障，是实现城市水环境系统可持续性发展的关键。在尊重水的自然运动与变化规律的前提下，合理地利用水资源，构建健康的社会水环境系统，发挥城市水环境的景观和文化功能。基于高效低碳水经济系统，通过增强人们在水资源、水环境保护方面的意识，促进水生态系统修复与保护、水环境系统的完善与发展。

在推进城镇化进程中，通过对城市水环境的合理布局规划，构建一个良性水生态系统，即与外部空间有机联系、内部结构合理、景观与生态和谐的社会水环境系统。构建社会水环境系统要遵循三个原则，即生态、社会和美学原则。生态原则就是注重在城市水环境承载力的基础上，丰富生物多样性，加强人文景观与自然景观的有机结合；社会原则是尊重地域文化与艺术，使人文景观的地方性与现代化相结合，改善居住环境，提高生活质量，促进城市文化进步；美学原则就是符合美学及行为模式，使城市形成连续和整体的水景观系统，兼顾观赏与实用。

水景观与水文化之间是相互依附的关系。水景观是水文化的外在表现形式。城市水文化由自然水景或人造水景构成，是人们在设置水景时借助文化思想的内涵或赋予某种文化范畴的概念。在建设社会水环境系统过程中，按照"资源、环境、生态、健康、安全"协调发展的理念，突出"保护水资源、改善水环境、促进水循环、建设水景观、延续水文化"等关键环节，弘扬可持续发展的优秀文化传统，营造"水城共生"的城市景观，提升城市品质，构建人与水的和谐关系。

3

京津冀地区概况

3.1 区域地理特征

3.1.1 地理位置

　　京津冀地区是由首都经济圈发展而来的，包括两个直辖市和一个省，即北京市、天津市和河北省，其中河北省有石家庄、唐山、廊坊、保定、秦皇岛、张家口、衡水、承德、沧州、邢台、邯郸等 11 个地级市。京津冀地区的总面积为 21.8 万 km^2，约占全国总面积的 2.27%。北京区域总面积 1.7 万 km^2，地处北纬 39.4°～41.6°，东经 115.7°～117.4°。天津区域总面积 1.2 万 km^2，地处北纬 38.34°～40.15°，东经 116.43°～118.04°，是中国北方最大的沿海开放城市及北方远洋航运的港口。河北省区域总面积 18.9 万 km^2，地处北纬 36.05°～42.40°，东经 113.27°～119.50°（图 3-1）。

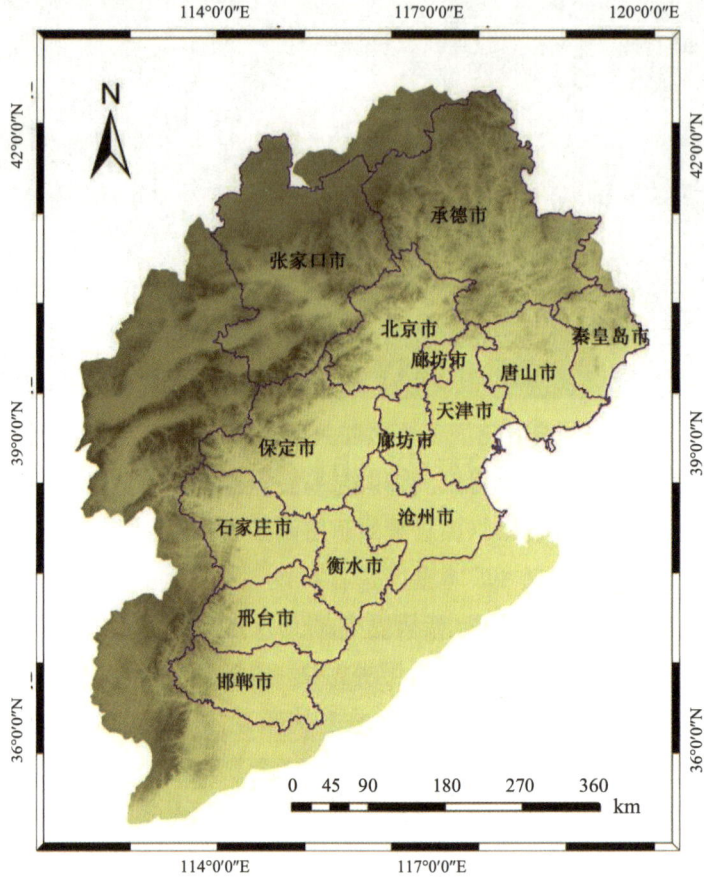

图 3-1　京津冀区域地理位置

3.1.2　地形地貌

京津冀地区位于华北平原，燕山以南，太行山以东，渤海以西，地势西北高、东南低，由西北向东南逐渐倾斜，地形地貌复杂多样，西北部以山地、丘陵和高原为主，其间分布有盆地和谷地，东南部为广阔的平原地带。燕山和太行山地，其中，丘陵和盆地海拔多在 2 000 m 以下，平原地区多在 50 m 以下。平原面积最大，占京津冀总面积的52.04%，主要分布在京津冀东南部；山地面积次之（占 36.19%），多分布于京津冀北部地区和西南边界，以中起伏山地和小起伏山地居多（分别占 16.61%和 16.18%），大起伏山地面积最小；相比台地，丘陵地势明显高于平原，多分布在平原、台地和小起伏山地之间，占总面积的 7.31%；台地有面积较大的平坦台面，在西北部的山前丘陵和平原过渡区分布较为密集，部分台地零星分布于中部、南部和东部。

3.1.3 气候特征

京津冀地区属温带季风气候—暖温带+半湿润-半干旱大陆性季风气候，特点是冬季寒冷少雪，夏季炎热多雨；春季多风沙，秋高气爽。年平均气温在 4～13℃，1 月平均气温在 −4～2℃，7 月平均气温在 20～27℃，各地的气温年较差、日较差都较大，四季分明。全年无霜期为 110～220 d，年日照时数为 2 400～3 100 h。年平均降水量分布很不均匀，年变率也很大。一般的年平均降水量在 300～800 mm。燕山南麓和太行山东侧迎风坡，形成两个多雨区，张北高原偏处内陆，降水一般不足 400 mm。

3.1.4 区位优势

京津冀地区具有显著的地理区位优势。京津冀地区位于我国华北平原北部和环渤海核心地带。京津冀地区具有极为明显的交通区位优势，拥有在我国占有重要地位的交通运输网络，是连通我国东北地区和中原地区的交通要塞。区域内水、陆、空交通都极为便利，铁路网贯穿南北东西，公路网四通八达，是全国公路最为稠密的地区，海岸线密集分布着现代港口群，北京和天津等城市都有现代化机场，拥有密集的国内和国外航线。京津冀地区具有极为重要的经济区位优势，京津冀地区位于我国北方经济的重要核心区，是我国重要的高新技术和工业基地。

3.2 区域自然资源

3.2.1 生物资源

京津冀地区植被结构复杂，种类繁多，是我国植被资源比较丰富的地区。据初步统计有 204 科、940 属，3 000 多种。其中蕨类植物 21 科，占全国的 40.4%；裸子植物 7 科，占全国的 70%；被子植物 144 科，占全国的 49.5%。国家重点保护植物有野大豆、水曲柳、黄檗、紫椴、珊瑚菜等。

动物资源比较丰富，陆栖脊椎动物有 530 余种，约占全国同类动物种类的 29.0%，其中兽类 80 余种，约占全国的 20.3%；鸟类 420 余种，约占全国的 36.1%；爬行类、两栖类分别有 19 种和 10 种。拥有国家和省重点保护动物 137 种。鱼类 10 余种，主要有草鱼、鲢鱼、鳙鱼、鲤鱼、鲫鱼、鲂鱼、黑鱼、鳝鱼等。沿海有鱼类 110 多种、虾类 20 多种及蟹类 10 多种。藻类有紫菜、石花菜等。

3.2.2 矿产资源

京津冀地区有矿产 130 种，按亚矿种计算为 159 种。具有查明资源储量的矿产 104 种，按亚矿种计算为 133 种。矿产地 1 503 处，按矿产大类划分：能源矿产 166 处，金属矿产 876 处，非金属矿产 461 处。

3.2.3 油气资源

京津冀地区的油气资源主要分布在天津市。燃料矿主要埋藏在平原区和渤海湾大陆架，有石油、天然气和煤成气等。天津有渤海和大港两大油田，是国家重点开发的油气田。已探明石油储量 40 亿 t，油田面积 100 km²，天然气地质储量 $1.5×10^{11}$ m³，煤田面积 80 km²。

3.2.4 地热资源

京津冀地区的地热资源属于非火山沉积盆地中、低温热水型地热。水温多为 30～90℃，具有埋藏浅、水质好的特点。主要分布在河北省的中南部和天津南部。河北省地热资源总量相当于标准煤 418.91 亿 t，地热资源可采量相当于标准煤 93.83 亿 t，累计开发地热能井点 139 处。天津市具有勘探和开发利用价值的地热异常区面积 2 434 km²，是中国迄今最大的中低温地热田。

3.3 土地利用

3.3.1 总体情况

京津冀地区土地面积 21.80 万 km²，占全国土地面积的 2.27%。北京，东南部是向渤海倾斜的平原，其余三面环山。天津，东临渤海，北靠燕山，地貌形态主要包括山地和丘陵。河北省，地跨海河、滦河两大水系，地势西北高，东南低，地形主要以高原、平原、山地等为主。

3.3.2 土地利用

从京津冀土地利用类型来看，以耕地和林地为主、建筑用地为辅（表 3-1）。京津冀地区总面积 21.8 万 km²，耕地占 32.91%，林业用地占 38.31%，建筑用地占 2.01%，草地占 1.84%。

表 3-1 京津冀主要土地利用类型统计情况

地区	总面积/万 km²	占比/%			
		耕地	林业用地	建筑用地	草地
北京	1.7	12.72	59.62	8.61	0.01
天津	1.2	36.41	13.02	8.02	0.05
河北	18.9	34.50	37.99	1.03	2.12
京津冀地区	21.8	32.91	38.31	2.01	1.84

在京津冀地区中，耕地比重最大的是天津，最小的是北京；林业用地比重最大的为北京，最小的为天津；建筑用地比重最大的为北京，最小的为河北；草地占比最大的为河北，最小的为北京。

3.4 水环境特征

3.4.1 水文水系

本研究将京津冀地区与海河流域重叠部分作为目标区域进行模拟研究，研究区域内河流众多，依据《中华人民共和国水文年鉴》中海河流域水文资料的流域划分，本研究将研究区域在海河流域内的各条河流进行整理，共得到 6 条水系，如图 3-2 所示。其中滦河水系发源自河北省丰宁县西部，自河北省沽源县流出河北省，流经内蒙古自治区后自丰宁县北部流入河北省后，于河北省乐亭县汇入渤海；北运河水系发源自京津冀地区，流经河北、北京、天津后入海；永定河水系上游桑干河流经册田水库后经阳原县进入河北省；大清河水系除唐河上游自山西发源流入河北省外，其余河流均位于京津冀地区；子牙河水系滹沱河上游发源自山西，于石家庄市西部流入河北省；南运河由漳河、卫河于河北省馆陶县南部大名泛区汇流而成，于天津市静海区十一堡与子牙河汇合，全长 309 km。

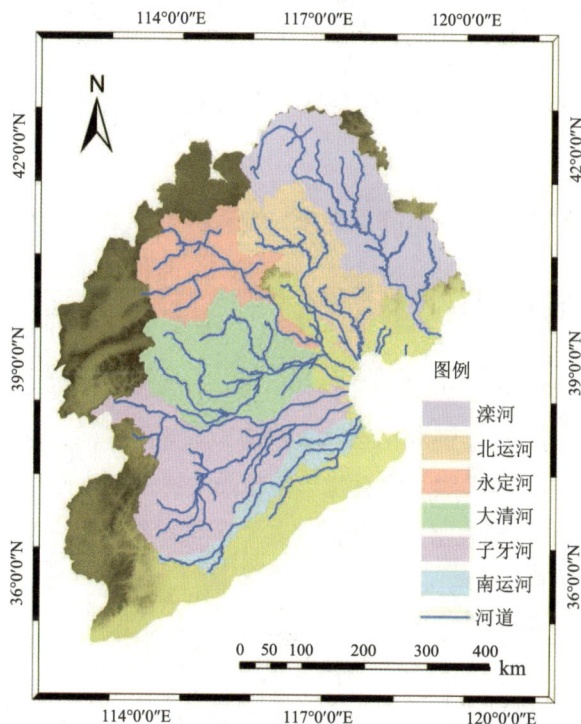

图 3-2 京津冀地区水系分布情况

3.4.2 水资源

京津冀地区属严重资源型缺水地区，2004—2019 年多年平均水资源量为 64.56 亿 m³，仅占我国多年平均水资源量的 0.23%，人均水资源量仅有 153.95 m³，远低于国际人均水资源占有量警戒线，与联合国设定的人均水资源丰水线相差甚远。2018 年京津冀地区水资源总量 217.2 亿 m³，占全国水资源总量的 0.79%；人均水资源量 174.99 m³，占全国人均水资源量的 7.97%；人口总数 11 270 万人，占全国总人口的 8.08%；地区生产总值为 914 327.1 亿元，占全国地区生产总值的 8.64%。据统计，自 2003 年以来，京津冀地区几乎每年水资源都处于超采状态，京津冀地区水资源严重匮乏的状况与其在我国社会、经济等方面的地位严重不匹配，制约了京津冀地区的健康可持续发展。可以说，京津冀地区是中国乃至全世界人类活动对水循环扰动强度最大、水资源承载压力最大、风险程度最高、安全保障难度最大的地区之一，水资源已成为制约京津冀地区经济社会发展的关键要素。

南水北调工程是实现中国水资源优化配置、促进经济社会可持续发展、保障和改善民生的重大战略性基础设施。中线自 2014 年 12 月通水以来，对京津冀地区供水量逐年增加。中线沿线白河、清河、七里河、滹沱河、瀑河、北拒马河等 30 余条河流都得到了生态补水。沿线城市的河湖湿地以及白洋淀水面的面积明显扩大，水生态环境的改善提升非常明显。北京密云水库蓄水量自 2000 年以来首次突破 26 亿 m³。河北省 12 条天然河道得以阶段性恢复，向白洋淀补水约 2.5 亿 m³。北京市平原区地下水埋深平均为 22.49 m，与 2015 年同期相比回升了 3.68 m，昌平、延庆、怀柔、门头沟等区的村庄都出现了泉眼复涌。在沧州、衡水、邯郸等地区，有 500 多万群众告别了长期引用高氟水和苦咸水的历史。

3.4.3 水环境质量

京津冀地区地处海河流域，海河流域东临渤海，西倚太行，南接黄河，北接蒙古高原。流域总面积 31.82 万 km²，占全国总面积的 3.3%。海河流域包括海河、滦河和徒骇马颊河 3 大水系、7 大河系、10 条骨干河流。其中，海河水系是主要水系，由北部的蓟运河、潮白河、北运河、永定河和南部的大清河、子牙河、漳卫河组成；滦河水系包括滦河及冀东沿海诸河；徒骇马颊河水系位于流域最南部，为单独入海的平原河道。

海河流域包括 175 个地表水国控断面，其中参与评价的河流断面为 164 个，参与评价的湖库断面 11 个。依据环境保护部办公厅印发的《地表水环境质量评价办法（试行）》（环办〔2011〕22 号）和《地表水环境质量标准》（GB 3838—2002），对海河流域地表水环境质量进行评价。2018 年，在 175 个国控断面中Ⅰ～Ⅲ类水质断面所占比例为 44.57%，劣Ⅴ类水质断面所占比例为 14.29%。参评的河流断面中，Ⅰ～Ⅲ类水质断面所占比例为 46.95%，劣Ⅴ类水质断面所占比例为 13.41%；参评的湖库断面中，Ⅰ～Ⅲ类水质断面所占比例为 9.09%，劣Ⅴ类水质断面所占比例为 27.27%。主要超标项目为化学需氧量、氨氮、高锰酸盐指数、五日生化需氧量、总磷等。在 2020 年，海河流域地表水监测的 179 个水质断面中，Ⅰ～Ⅲ类水质断面所占比例为 62.0%；劣Ⅴ类水质断面所占比例为 0.6%。参评的河流断面中，Ⅰ～Ⅲ类水质断面所占比例为 61.9%，劣Ⅴ类水质断面所占比例为 0.6%；参评的湖库断面中，Ⅰ～Ⅲ类水质断面所占比例为 63.6%，劣Ⅴ类水质断面所占比例为 0%。主要超标项目为化学需氧量、高锰酸盐指数、五日生化需氧量、总磷、氨氮、氟化物、石油类等。2020 年较 2018 年Ⅰ～Ⅲ类水质断面所占比例上升 17.43%，劣Ⅴ类水质断面所占比例下降 13.69%。

3.4.4 水生态

京津冀地区水生态问题突出，河流断流，全年出现断流现象的河流比例约为 70%，永定河、潮白河、小白河、新洋河、滹沱河、民主渠、永金渠等主要河渠均存在全年断流现象。存在湿地明显萎缩问题，湿地失去天然河流补给，面积萎缩。天然湿地比例下降，水源涵养与洪水调蓄功能下降，生物多样性降低，如白洋淀、北大港等也面临干涸、人为干扰严重及水污染等困境，对河川径流的调节作用减弱。在枯水季节或枯水年份，没有足够的地下水源补给，造成地表水与地下水连通性遭受破坏。

平原地区地下水漏斗问题突出。京津冀地区地下水资源长期处于超采状态，近 10 年京津冀地区地下水资源开发利用率为 120%～160%。京津冀地区地下水总开采量大，浅层地下水开采程度达 80% 以上，深层地下水开采程度达 140% 以上，地下水位持续下降，形成了众多的地下水漏斗。平原区地下水超采严重，地下漏斗区面积超过 50 000 km²。

近岸海域生态系统退化。河口和近岸海域生态退化严重，生物多样性降低。津冀地区近岸海域处于亚健康状态，海河河口处于淤积状态，海洋生物群落结构变化明显，尤其是潮间带生物、底栖动物群落结构呈现出严重退化的趋势。

3.5 经济社会

3.5.1 人口情况

2018 年，京津冀地区常住人口达 11 270.1 万人，占全国总人口的 8.08%，相比 2015 年增长 127.7 万人，增长 1.15%；其中，河北、天津分别增长 131.4 万人、12.6 万人，增长幅度分别为 1.78% 和 0.81%，北京减少 16.3 万人，下降 0.75%。2018 年京津冀地区人口密度达 523 km²/人，相比 2015 年增长 1.39%；其中，河北涨幅最大，达到 2.03%。

2015 年以来，北京市常住外来人口规模不断下降，2015 年达 822.6 万人，2016 年为 807.5 万人，2017 年为 794.3 万人，2018 年为 764.6 万人，2019 年为 745.6 万人，2016—

2019 年较上年分别下降 1.84%、1.63%、3.74% 和 2.48%，连续四年呈现"负增长"。伴随着外来人口规模的缩减，北京市常住人口规模呈现"三连降"，2017 年、2018 年、2019 年北京市常住人口规模总量分别为 2 170.7 万人、2 154.2 万人、2 153.6 万人，比上年分别下降 0.10%、0.76% 和 0.03%。

2015 年，天津市常住人口 1 546.95 万人，比上年增加了 30.14 万人；2016 年常住人口 1 562.12 万人，比上年增加了 15.17 万人；2017 年常住人口 1 556.87 万人，比上年减少了 5.25 万人；2018 年常住人口 1 559.6 万人，比上年增加了 2.73 万人；2019 年常住人口 1 561.83 万人，比上年增加了 2.23 万人。

2015 年，河北省常住人口 7 424.92 万人，比上年增加了 41.17 万人；2016 年常住人口 7 470.05 万人，比上年增加了 45.13 万人；2017 年常住人口 7 519.52 万人，比上年增加了 49.47 万人；2018 年常住人口 7 556.3 万人，比上年增加了 36.78 万人；2019 年常住人口 7 591.97 万人，比上年增加了 35.67 万人。

3.5.2　产业结构

2019 年京津冀地区生产总值合计 84 580 亿元，同比增长 6.1%。三大产业结构为 4.5∶28.7∶66.8，第三产业增加值占 GDP 的比重比上年提高 5.5 个百分点，高于全国平均水平 12.9 个百分点。其中，京津冀三地第三产业占比均超过 50%，分别为 83.5%、63.5% 和 51.3%。

2019 年北京实现地区生产总值 35 371.3 亿元，按可比价格计算，比上年有所增长 [图 3-3（a）]。其中，第一产业增加值 113.7 亿元，下降 2.5%；第二产业增加值 5 715.1 亿元，增长 4.5%；第三产业增加值 29 542.5 亿元，增长 6.4%。三次产业构成由上年的 0.4∶16.5∶83.1 变化为 0.3∶16.2∶83.5。按常住人口计算，全市人均地区生产总值为 16.4 万元。

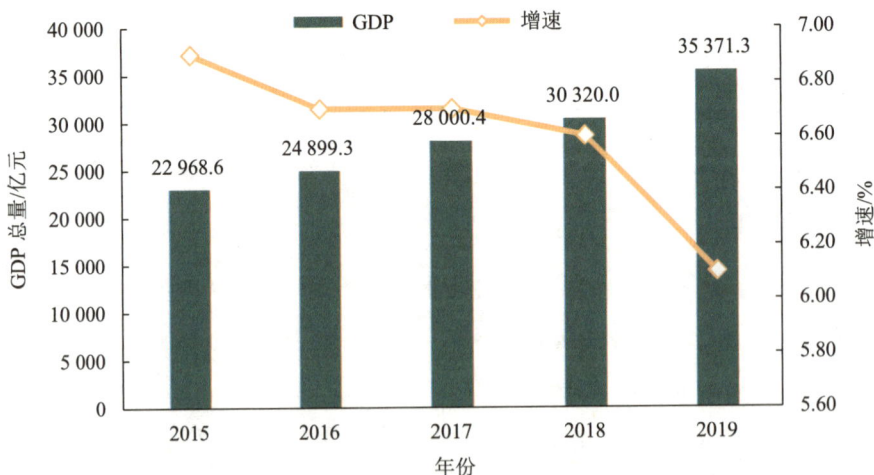

（a）北京 GDP 总量及增速

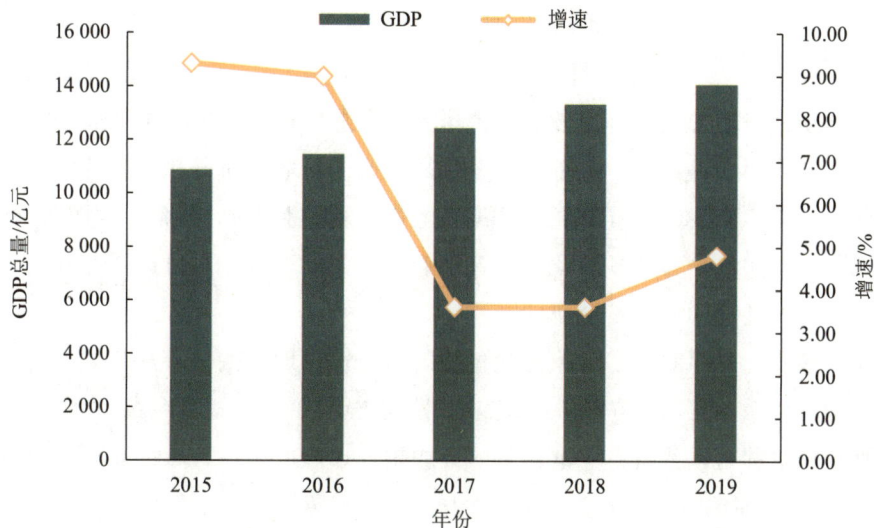

（b）天津 GDP 总量及增速

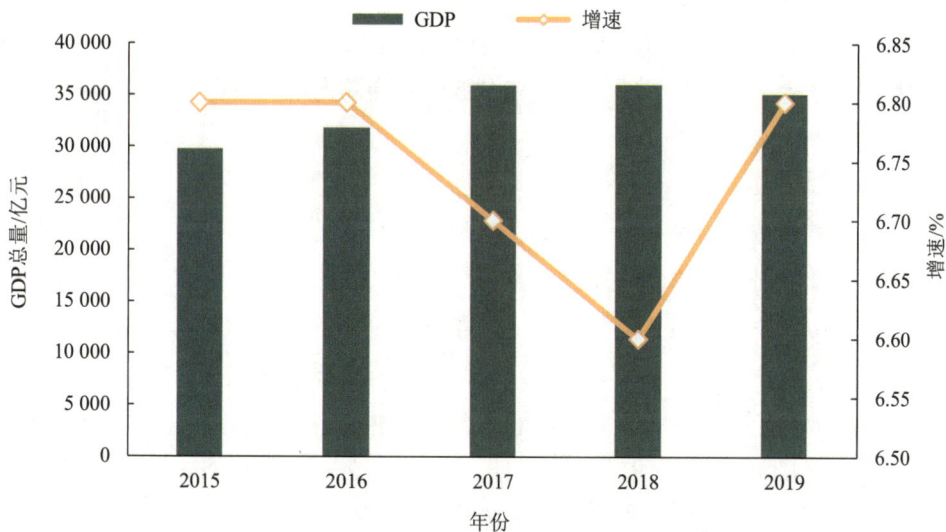

（c）河北省 GDP 总量及增速

图 3-3　2015—2019 年京津冀区域 GDP 情况

　　2019 年天津市生产总值为 14 104.28 亿元，比上年增长 4.8%［图 3-3（b）］。其中，第一产业增加值为 185.23 亿元，增长 0.2%；第二产业增加值为 4 969.18 亿元，增长 3.2%；第三产业增加值为 8 949.87 亿元，增长 5.9%。三次产业结构为 1.3∶35.2∶63.5。

　　2019 年河北省生产总值实现 35 104.5 亿元，比上年增长 6.8%［图 3-3（c）］。其中，第一产业增加值为 3 518.4 亿元，增长 1.6%；第二产业增加值为 13 597.3 亿元，增长 5.37%；第三产业增加值为 17 988.8 亿元，增长 9.4%。三次产业比例由上年的 10.3∶39.7∶50.0 调整为 10.0∶38.7∶51.3。全省人均生产总值为 46 348 元，比上年增长 6.2%。

3.5.3　协同发展

京津冀协同发展，核心是京津冀三地作为一个整体协同发展，要以疏解非首都核心功能、解决北京"大城市病"为基本出发点，调整优化城市布局和空间结构，构建现代化交通网络系统，扩大环境容量生态空间，推进产业升级转移，推动公共服务共建共享，加快市场一体化进程，打造现代化新型首都圈，努力形成京津冀目标同向、措施一体、优势互补、互利共赢的协同发展新格局。

在京津冀一体化进程中，北京作为主要的产业输出地，淘汰落后产能，引导生产要素分流；而天津政治经济地位仅次于北京，且区位地域优越，预计会重点受益，区域地位及重要性将获得显著提升；河北作为北方腹地，地域广阔，将成为北京输出人口和产能的重要承接地。

京津冀地区集聚了全国最优质的教育、文化、医疗、科技等资源，近年来区域整体公共服务水平逐渐提升。但目前，河北省与北京、天津相比，在社会发展、公共服务水平和质量层次上差异明显，有些方面甚至呈现"断崖式"差距，要实现 2030 年京津冀地区公共服务水平趋于均衡的目标，还有许多工作需要推进。

4

水环境承载力评估技术

4.1 水环境承载力评估技术框架

通过调研分析国家战略和地方经验确定指标体系维度：4 维度 2 效应，即"水资源、水环境、水生态和土地生态服务功能"和"正负效应"。采用对标法，收集 51 篇涉及水环境承载力的期刊文献和 12 项国家/地方已颁布标准，初步筛选指标。基于指标的科学性、易获取性、动态性、完整性和避免重复性原则，初筛 29 个评估指标。基于"一点两线"指导思想，初选 24 个指标。基于"压力-状态-响应"（P-S-R）模型，结合京津冀地区经济社会、"三水"及其土地利用等特征，优选出 19 个评估指标。对影响水环境承载力的 40 个指标进行关联度分析，结合主体功能区特征，将京津冀水环境承载力分为三类，即重点开发区、农产品主产区和重点生态功能区。

调研国家/地方发布的相关评估指标分级赋分，结合正态分布的"五分法"，确定指标的分级赋分标准。应用客观、主观及主客观方法，计算指标的权重，建立加权正负效应求和模型，计算京津冀水环境承载力指数。利用线性回归耦合分析，确定承载状态判别阈值，对京津冀水环境承载状态进行判别（图 4-1）。

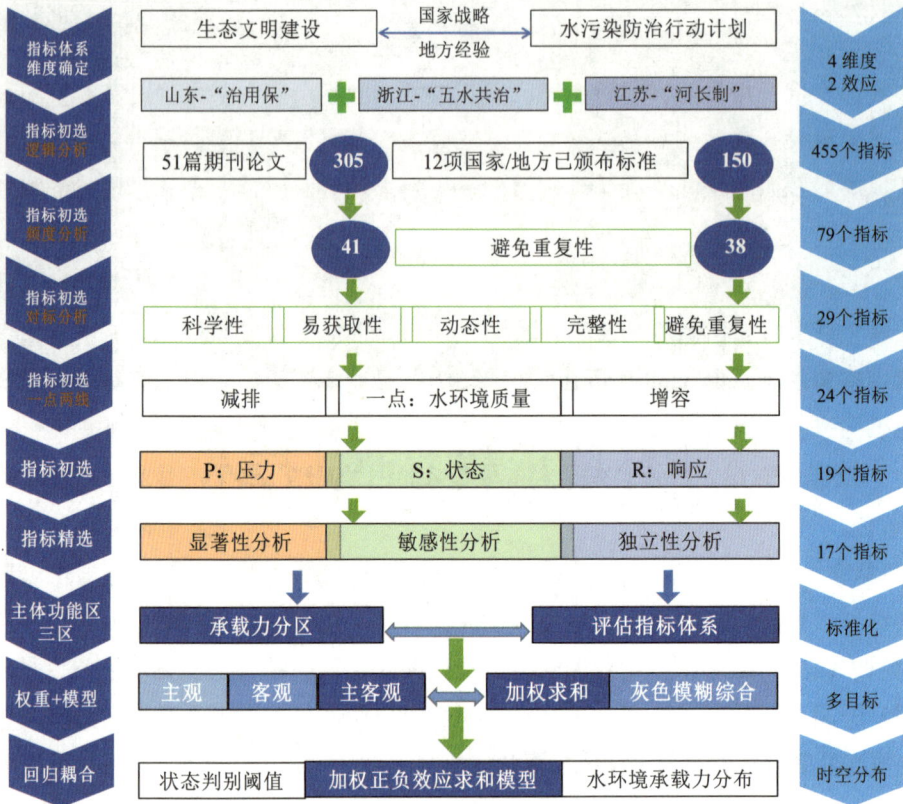

图 4-1　水环境承载力评估技术研究框架

4.2　指标体系构建

应用"对标法"，按照"一点两线"的要求，对评估指标进行初筛、初选、优选和精选，确定"4 维度+2 效应"的指标体系。

4.2.1　指标体系框架

通过梳理水环境承载力的概念和含义，分析水环境承载力和水环境质量的响应关系，从污染物削减（减排）和生态修复、保护（增容）两方面出发，遵循评估指标的科学性、易获取性、动态性、完整性和避免重复性等原则，搭建指标体系框架。

4.2.1.1　指标体系构建的核心思想

（1）"一点两线"含义

水环境承载力概念分为广义和狭义。狭义的水环境承载力是指水体纳污能力，即水环境容量，是指在一定时期内，水体满足水质目标要求、保持可持续的自净能力和维持水生态健康的条件下，所能容纳污染物的最大量。广义上的水环境承载力指在一定时期内，区域水环境系统在满足水质目标要求、保持可持续的自净能力和维持水生态健康的条件下，对区域人口、经济和社会活动的支持能力。两者的本质相同，其核心思想都是为保证水环境系统健康稳定可持续发展提供支持。

水环境容量侧重点在于环境污染部分，是针对水环境系统所承受的外界污染物负荷而言的，是水环境系统功能的外部性表现，而水环境承载力是针对自然水环境对区域人口、经济、社会活动的支持能力而言的，是内部性表现。因此，可以用水环境质量表征水环境承载力的状态，水环境质量越高，水环境承载力越大；降低水环境外界污染负荷，即减排，可提高水环境质量。水环境承载力内在性是对区域人口、经济、社会活动的支持能力，通过调整生产、生活方式，改变土地利用方式等来增加水环境对人类活动的支持能力，即增容，可提高水环境质量。综上可知，通过对水环境进行减排和增容两种方式，可提高水环境质量，扩大"一点两线"水环境管理空间。其中，"一点"是指水环境质量，"两线"是指水环境减排和增容。

（2）水环境承载力与水环境质量响应机制

水环境承载力除了是人类活动所应该遵循的自然规律的表现，同时也是人类在社会经济发展的大环境下水环境资源观和价值观变化的体现。因此，水环境承载力具有以下三个特征。

1）客观性、模糊性以及学科交融性。

首先从理论层面分析，水环境承载力具有客观性、模糊性以及学科交融性。在某种状态下，其自我调节能力和纳污能力是固定的，区域内的人口、社会、经济、环境等要素紧密联系并构成较为完整、稳定的生存体系。从其发展历程可以看出，水环境承载力的理论中涵盖了多个领域、多个学科，其中应用的知识包括社会学、经济学、环境学等相关内容，在逐渐深入的研究过程中，更多地进行了不同领域研究内容的相互借鉴，使各个学科在水环境承载力的研究中相互交融，因此，其具有学科交融性。

2）动态性和时代性。

从时间层面分析，水环境承载力具有动态性和时代性。不同的时期，不同的流域，社会经济发展状况和水平不同，人们对其认知程度也不同。水环境所处的生态环境系统本身是一个动态平衡的系统，其自然波动也都是围绕中心值，会出现偏离到不同的平衡位置，而不是固定不变的。

3）地域性和关联性。

从空间层次分析，水环境承载力具有地域性和关联性。水体在地域空间分布上差异极大，人类活动也存在显著的地区差异。对于一个完整的生态单元而言，各个区域之间以及水环境要素之间是相互制约并相互影响的。

水环境承载力具有时空分异特征，不同区域、不同时间水环境承载力的阈值是不同的。不同的水环境质量，反映了水环境承载力对经济社会发展的支持能力不同，水环境质量越好，水环境承载力越大；不同的水环境承载状态，反映了不同的水环境质量，水环境承载力越大，水环境质量越好。因此，水环境承载力与水环境质量呈现正相关，即两者为正向响应机制。

4.2.1.2　指标筛选原则

（1）科学性

指标的概念必须明确，且具有一定的科学内涵，能够客观地反映水环境系统内部结构关系，并能较好地度量水环境承载力。

（2）易获取性

水环境承载力评估方法要在全国范围应用，考虑不同地区管理水平及方式的差异，评估指标在绝大部分地区都要易于获得。指标计算不涉及太多参数和专业知识，易于获取、操作和推广。

（3）动态性

选择相应的指标来表征系统的动态，使评价模型具有"活性"，不同评价年之间的评价结果可进行对比。

（4）完整性

指标应综合性强、覆盖面广，系统反映水环境承载力的状况，重点抓住主要的、关键性的指标。

（5）避免重复性

各项指标力求做到内容真实、简洁、针对性强，避免繁杂；注意各指标之间避免重复，要保持相对独立性。例如，万元 GDP 耗水量与单位 GDP 用水量实际是同一指标，不可重复使用。

4.2.1.3　指标体系构建思路

水环境承载力系统涉及社会经济、资源和环境等多个领域，不仅要明确指标体系的维度与效应，更应明确由哪些指标组成及其相互关系。在明确评价对象、评价目标、评价原则的前提下，本研究评价指标筛选的过程包括以下步骤：①解读国家生态文明建设、"水十条"、"三线一单"等国家战略与政策，总结山东、浙江和江苏等地水环境整治经验，确立水环境承载力指标体系的维度和效应；②对高被引文献中的指标进行频度统计，筛选出使用频度较高、具有代表性的指标作为原始数据库；③对照国家和地方已颁布施行的水环境相关评价导则，重点统计其中涉及水资源和水污染的指标，与上述文献频度分析得到的原始数据库进行比对，筛选出重叠度高的指标；④结合"一点两线"的水环境承载力评价核心内容，初选评估指标；⑤基于"P-S-R"模型，结合京津冀地区特征，优选评估指标；⑥基于评估指标的显著性、敏感性和独立性分析，精选评估指标，构建水环境承载力指标体系（图4-2）。

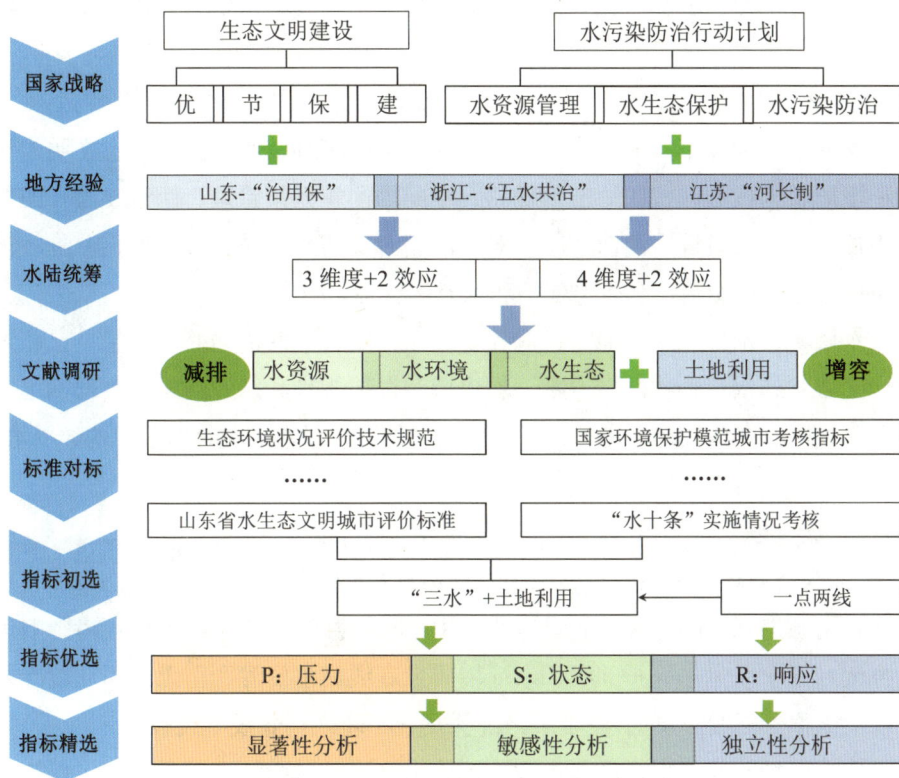

图4-2　水环境承载力指标体系构建框架

4.2.2　指标体系维度

4.2.2.1　国家战略与政策

（1）生态文明建设

2015年10月，党的十八届五中全会将生态文明建设首度写入国家五年规划，党的十八大报告第八部分提出了"优、节、保、建"四大战略任务。

优化国土空间开发格局。控制开发强度，调整空间结构，加快实施主体功能区战略，推动各地区严格按照主体功能定位发展，构建科学合理的城市化格局、农业发展格局、生态安全格局。

全面促进资源节约。节约集中利用资源，推动资源利用方式根本转变，加强全过程节约管理，大幅降低能源、水、土地消耗强度，提高利用效率和效益。

加大自然生态系统和环境保护力度。实施重大生态修复工程，增强生态产品生产能力，推进荒漠化、石漠化、水土流失综合治理。加快水利建设，加强防灾减灾体系建设。

加强生态文明制度建设。建立体现生态文明要求的目标体系、考核办法、奖惩机制。建立国土空间开发保护制度，完善最严格的耕地保护制度、水资源管理制度、环境保护制度。

（2）"水十条"

贯彻党的十八大和十八届二中、三中、四中全会精神，大力推进生态文明建设，以改善水环境质量为核心，按照"节水优先、空间均衡、系统治理、两手发力"的原则，强化源头控制，水陆统筹、河海兼顾，对江河湖海实施分流域、分区域、分阶段科学治理，系统推进水污染防治、水生态保护和水资源管理。

建立水资源、水环境承载能力监测评价体系，实行承载能力监测预警，已超过承载能力的地区要实施水污染物削减方案，加快调整发展规划和产业结构。合理确定发展布局、结构和规模。充分考虑水资源、水环境承载能力，以水定城、以水定地、以水定人、以水定产。

（3）"三线一单"

《关于加强资源环境生态红线管控的指导意见》明确指出资源环境生态红线管控是指划定并严守资源消耗上限、环境质量底线、生态保护红线。《"十三五"环境影响评价改革实施方案》要求以生态保护红线、水环境质量底线、水资源利用上线和环境准入负面清单（以下简称"三线一单"）为手段，确保发展不超载、底线不突破。

划定生态保护红线。根据涵养水源、保持水土、防风固沙、调蓄洪水、保护生物多样性，以及保持自然本底、保障生态系统完整和稳定性等要求，兼顾经济社会发展需要，划定并严守生态保护红线。

严守水环境质量底线。以水环境质量持续改善为目标，与"水十条"、《国务院关于实行最严格水资源管理制度的意见》相衔接，各地区、各流域水质优良比例不低于现状，向更好转变。

设定水资源利用上线。依据水资源禀赋、生态用水需求、经济社会发展合理需要等因素，确定用水总量控制目标。严重缺水以及地下水超采地区，要严格设定地下水开采总量指标。

环境准入负面清单。基于生态保护红线、水环境质量底线和水资源利用上线，以清单方式列出的禁止、限制、允许等差别化环境准入标准和要求。

4.2.2.2 地方水环境管理

（1）山东"治、用、保"

山东省创造性地实施了"治、用、保"流域污染综合治理技术策略，保障南水北调东线水质，深化流域生态环境治理，在 2013 年国家重点流域治污考核中，山东省名列第一。

"治"即污染治理，包括结构调整、清洁生产、末端治理、环境基础设施建设、面源污染治理、清淤疏浚、环境管理等全过程污染防治。"治"的目标是使流域内一切排污单位按照山东省发布的严于国家的地方标准稳定达标排放。

"用"是以循环经济理念为指导，在污染治理的基础上，因地制宜，利用流域内季节性河道和闲置洼地，建设中水截、蓄、导、用设施，合理规划中水回用工程。"用"的目标是最大限度地实现行政辖区内部水资源充分循环，减少废水排放量，同时发挥河库自净能力。

"保"是在保障防洪安全的前提下，综合采用河流入湖口人工湿地水质净化、河道走廊湿地修复、湖滨及湖区湿地修复等生态修复和保护措施，对流域的生态恢复过程进行强化。

（2）浙江"五水共治"

浙江省委十三届四次全会提出，要以治污水、防洪水、排涝水、保供水、抓节水为突破口倒逼转型升级。"五水共治"吹响了浙江大规模治水行动的新号角。"五水共治"要把握轻重缓急，分步实施，将时间表分三年、五年、七年共三步。其中，2014—2016 年解决突出问题，明显见效；2014—2018 年基本解决问题，全面改观；2014—2020 年基本不出问题，实现质变。

"治污水"要首当其冲，重点突破，清三河、两覆盖、两转型，解决水环境危机；"防洪水"要重点推进强库、固堤、扩排三类工程建设，解决水安全危机；"排涝水"是指强库堤、疏通道、强攻排，打通断头河，开辟新河道，解决水安全危机；"抓节水"要重点改器具、减漏损、再生利用和雨水搜集等，解决水资源危机；"保供水"要重点推进开源、引调、提升三类工程建设，解决水安全环境危机。

（3）江苏"河长制"

"河长制"由江苏省无锡市首创，2008 年，江苏省政府在太湖流域借鉴和推广无锡首创的"河长制"。2017 年 3 月 5 日，第十二届全国人民代表大会第五次会议中，国务院总理李克强做政府工作报告，指出全面推行"河长制"，健全生态保护补偿机制。

加强水资源保护。落实最严格水资源管理制度，严守水资源开发利用控制、用水效率控制、水功能区限制纳污三条红线，强化地方各级政府责任，严格考核评估和监督。

加强河湖水域岸线管理保护。严格水域岸线等水生态空间管控，依法划定河湖管理范围。落实规划岸线分区管理要求，强化岸线保护和节约、集约利用。

加强水污染防治。落实"水十条"，明确河湖水污染防治目标和任务，统筹水上、岸上污染治理，完善入河湖排污管控机制和考核体系。

加强水环境治理。强化水环境质量目标管理，按照水功能区确定各类水体的水质保护目标。切实保障饮用水的水源安全，开展饮用水水源规范化建设，依法清理饮用水水源保护区内违法建筑和排污口。

加强水生态修复。推进河湖生态修复和保护，禁止侵占自然河湖、湿地等水源涵养空间。在规划的基础上稳步实施退田还湖还湿、退渔还湖，恢复河湖水系的自然连通，加强水生生物资源养护，提高水生生物多样性。

加强执法监管。建立健全法规制度，加大河湖管理保护监管力度，建立健全部门联合执法机制，完善行政执法与刑事司法衔接机制。建立河湖日常监管巡查制度，实行河湖动态监管。

4.2.2.3 水环境指标维度与效应

（1）基于"三水"的4维度2效应指标体系框架

面对资源约束趋紧、环境污染严重、生态系统退化的严峻形势，必须树立尊重自然、顺应自然、保护自然的生态文明理念，走"坚持节约优先、保护优先、自然恢复为主"方针引领下的可持续发展道路。生态文明建设要实施"优、节、保、建"四大战略任务，重点从自然资源、环境治理和生态保护三个方面加强生态文明建设。

"水十条"涉及全面控制污染物排放、推动经济结构转型升级、着力节约保护水资源、强化科技支撑、充分发挥市场机制作用、严格环境执法监管、切实加强水环境管理、全力保障水生态环境安全、明确和落实各方责任、强化公众参与和社会监督共10项工作，主要推进水污染防治、水生态保护和水资源管理。

山东省的"治、用、保"中，"治"为水污染治理，"用"为节约水资源，"保"为保护水生态；浙江的"五水共治"中，"治污水"涉及水环境，"抓节水"涉及水资源；江苏的"河长制"中，重点从水资源保护、水污染防治和水生态修复开展水环境综合整治（表4-1）。

表4-1　水环境承载力指标体系维度总结

层级	类别	核心内容	水资源	水环境	水生态	土地利用
国家战略和政策	生态文明建设	优、节、保、建	水资源节约	保护水环境	保护水生态系统	优化国土空间开发格局
	水污染防治行动计划	水环境质量核心，水陆统筹	水资源管理	水污染防治	水生态保护	优化空间布局
	环境影响评价改革实施方案	三线一单	设定水资源利用上线	严守水环境质量底线	划定生态红线	调整产业结构优化空间布局
地方综合治理经验	山东省	治、用、保	合理利用达标中水	全过程污染防治	生态修复和保护	构建沿河环湖生态带
	浙江省	五水共治	抓节水、保供水	治污水	防洪水、排涝水	提高生态功能
	江苏省	河长制	加强水资源保护	加强水污染防治	加强水生态修复	禁止侵占水源涵养空间
指标维度	建立4维度指标体系		水资源	水环境	水生态	土地利用

基于"节水优先、空间均衡、系统治理"原则，从水资源、水环境和水生态三个维度开展水环境综合整治工作，对水环境进行减排和增容，提高水环境承载力。因此，水环境承载力指标体系应以减排和增容为抓手，从水资源、水环境和水生态 3 个维度构建指标体系（图 4-3）。

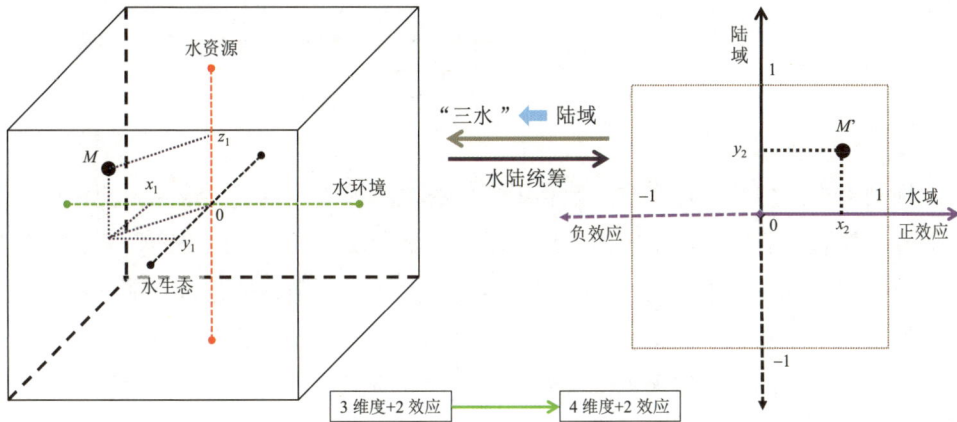

图 4-3　水环境承载力指标体系维度与效应框架

（2）基于"水陆统筹"的 4 维度 2 效应指标体系框架

党的十八大报告关于生态文明建设提出了优、节、保、建四大战略任务，明确提出要优化国土空间开发格局，调整空间结构。在"水十条"中，明确指出"水陆统筹"，优化空间布局。在浙江、山东和江苏等地水环境管理中，禁止侵占水源涵养空间，构建沿河环湖生态带，扩投资、促转型。因此，土地利用对水环境有着重要的影响。

1）土地利用含义。

土地利用是指人类劳动与土地结合获得物质产品和服务的经济活动，这一活动表现为人类与土地进行的物质、能量、信息的交流、转换。土地利用方式是人们确定的土地用途（利用类型）与采取的具体经营管理措施的结合。同一土地利用类型，因采用的经营管理措施不同，即土地利用方式不同，其土地产出和效益必然不同。因此，土地利用方式=土地用途+土地利用经营管理方式。

土地利用变化驱动因子是指导致土地利用及其格局发生变化的要素，分为自然因子（气候、土壤、水文等）和人文因子（人口因素、制度因素、技术因素和经济因素等）两大类。

2）土地利用对水环境的影响

水文因子作为生态环境最为重要的因子之一，与土地、植被构成了一个稳定的三角形框架，决定了生态环境的整体质量。水文因子既是随气候变化而变动的动态资源，又受土地利用的强烈干扰，具体表现在水资源、水环境和水生态三个方面（图 4-4）。

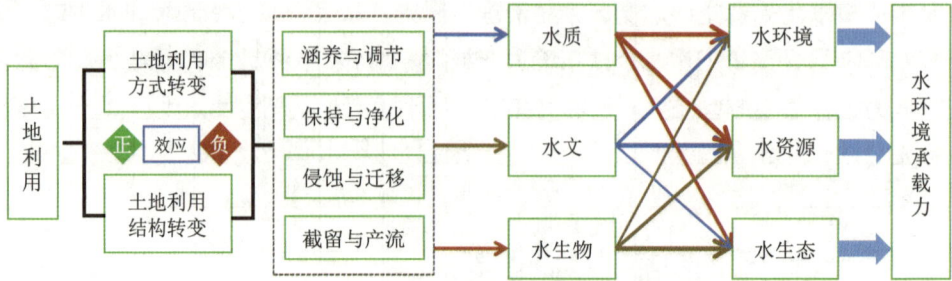

图 4-4　区域土地利用对水环境承载力影响机制

土地利用方式与结构转变是土地利用变化的根本因子，也是土地利用变化对水生态系统服务功能影响的根源。不同的土地利用类型及利用方式、污染物产汇流过程以及污染物截留等都具有显著的影响。不同的土地利用方式对污染物的迁移或截留具有不同的生态调控功能，而且同一类型的空间配置格局不同，对水环境的影响也不同。不同土地利用对土壤养分保持能力和水土保持效果不同，进而影响对水体的净化功能。不同土地利用对水生态环境的调节功能表现在对水源的涵养，如森林生态系统具有蓄水、防止水土流失的功能。

3）4 维度 2 效应指标体系

基于土地利用对水环境、水资源、水生态存在正效应和负效应，进而影响水环境承载力，因此，可从水环境、水资源、水生态和土地利用四个方面构建水环境承载力指标体系，即"4 维度+2 效应"指标体系（图 4-4）。

4.2.3　指标的初选

4.2.3.1　基于国内文献的指标频度分析

频度分析法[74]是对目前有关水环境承载力评价研究的高被引期刊和论文进行统计，并进行初步同类合并，建立指标原始数据库，统计确定出一些使用频度较高、内涵丰富的指标，为下一步研究进行铺垫。

本研究初步统计了 51 篇水环境承载力相关高被引期刊的论文[75-125]，梳理所涉及的指标共计 304 个，其中水资源相关指标 136 个，水环境相关指标 100 个，水生态相关指标 30 个，土地利用相关指标 38 个，再分别对重复和同类的指标进行合并归类，以及次数和频度统计，最终得到水资源指标 13 个，水环境指标 11 个，水生态指标 11 个，土地利用指标 5 个，各指标的频度统计见表 4-2。

表 4-2　基于文献水环境承载力评价指标频度统计

指标类型	序号	指标	次数	频度/%
水资源 （136）	1	单位工业增加值/万元 GDP 取（用、耗）水量	26	19.10
	2	人均水资源量	22	16.18
	3	城市（污水）再生水利用率	18	13.24
	4	水资源开发利用率（地表水资源开发利用程度）	15	11.03
	5	人均日生活用水量	12	8.82
	6	城市用水总量与可采水资源量之比	10	7.35
	7	环保投资占 GDP 比例	10	7.35
	8	农业灌溉有效利用系数	8	5.88
	9	生态用水量	8	5.88
	10	流域外调水比例（跨流域供水比例）	3	2.21
	11	水域面积指数	2	1.47
	12	平原区浅层地下水位漏斗区面积	1	0.74
	13	用水普及率	1	0.74
水环境 （100）	1	城市污水（集中）处理率	24	24
	2	工业废水排放达标率	23	23
	3	水污染物排放强度	17	17
	4	农用化肥施用强度（折纯）	9	9
	5	水环境功能区水质达标率	9	9
	6	污径比	6	6
	7	单位工业增加值废水排放量	5	5
	8	地下水综合污染指数	3	3
	9	水体富营养化指数	2	2
	10	人均废水排污量	1	1
	11	近岸海域水环境质量达标率	1	1
水生态 （30）	1	生态基流满足率	6	20
	2	河流连通性	5	16.67
	3	生物多样性指数	5	16.67
	4	河流蜿蜒度	3	10
	5	沉水植被覆盖率	2	6.67
	6	自然岸堤所占比例	2	6.67
	7	叶绿素 a	2	6.67
	8	自然保护区面积	2	6.67
	9	透明度	1	3.33
	10	河网密度	1	3.33
	11	水生物种数	1	3.33
土地利用 （38）	1	森林覆盖率	17	44.737
	2	水土流失率	5	13.158
	3	农业有效灌溉面积	11	28.947
	4	土地利用类型	4	10.526
	5	生态用地比例	1	2.632

4.2.3.2 国家/地方已颁布指标

国家和地方为了促进城市和区域环境状况的改善，开展了多项相关考核评比活动，并相应地颁布了一系列考核评价标准。已颁布施行的标准中，涉及水资源、水环境、水生态和土地利用等指标，这对于本研究选取具有可操作性和规范性的指标有很好的参考价值。为此，本研究梳理了近年来国家和地方发布的相关标准，尤其是与水环境相关的评价标准，具体如下：

> 《生态环境状况评价技术规范》（HJ 192—2015）。
> 《水生态文明城市建设评价导则》（SL/Z 738—2016）。
> 《节水型社会评价指标体系和评价方法》（GB/T 28284—2012）。
> 《国家环境保护模范城市考核指标及其实施细则（第六阶段）》（环办〔2011〕3 号）。
> 《水污染防治行动计划实施情况考核规定（试行）》（环水体〔2016〕179 号）。
> 《国家园林城市标准》（建城〔2010〕125 号）。
> 《国家生态文明先行示范区建设方案（试行）》（发改环资〔2013〕2420 号）（2020 年7 月已废止）。
> 《国家生态文明建设示范县、市指标（试行）》（环生态〔2016〕4 号）。
> 《国家卫生城市标准（2014 版）》（全爱卫发〔2014〕3 号）。
> 《生态县、生态市、生态省建设指标（修订稿）》（环发〔2007〕195 号）。
> 《全国县级文明城市测评体系》（2015—2017 年版）。
> 《山东省水生态文明城市评价标准》（DB37/T 2172—2012）。

通过梳理统计以上标准，得到水环境相关指标共计 151 个，其中涉及水资源的指标有 45 个，涉及水环境的指标有 41 个，涉及水生态的指标有 24 个，涉及土地利用的指标有 40 个，进一步合并重复和同类指标后，得到水资源和水环境指标，分别为 11 个、8 个、13 个和 6 个，并进行指标频度统计，见表 4-3。

表 4-3 基于标准统计的水资源指标频度表

指标类型	序号	指标	次数	频度/%
水资源（39）	1	万元工业增加值用水量	8	20.51
	2	水资源开发利用率	5	12.82
	3	农业灌溉水有效利用系数	4	10.26
	4	生活节水器具普及率	4	10.26
	5	工业用水重复利用率	4	10.26
	6	环保投资占 GDP 比例	3	7.69
	7	公共供水管网漏损率	3	7.69
	8	平原区地下水超采面积	3	7.69
	9	生态环境需水保证率	2	5.13

指标类型	序号	指标	次数	频度/%
水资源（39）	10	人均日生活用水量	2	5.13
	11	水域（河流、湖泊、湿地）面积	1	2.56
水环境（41）	1	水功能区水质达标率	10	24.39
	2	集中式饮用水水源地水质达标率	7	17.07
	3	城镇污水集中处理率	9	21.95
	4	主要污染物排放强度	5	12.2
	5	工业废水达标排放率	4	9.76
	6	地下水水质达标率	2	4.88
	7	近岸海域水质状况	2	4.88
	8	化肥/农药施用强度	2	4.88
水生态（23）	1	物种多样性指数	3	12.5
	2	岸坡稳定性	3	12.5
	3	河床稳定性	3	12.5
	4	生态需水量/生态基流	2	8.33
	5	弯曲率	2	8.33
	6	滨岸带植被覆盖率	2	8.33
	7	纵向连通性	2	8.33
	8	自然岸线保有率	2	8.33
	9	外来物种威胁程度	1	4.17
	10	本地物种受保护程度	1	4.35
	11	浮游植物生物量	1	4.35
	12	河湖生态护岸比例	1	4.35
土地利用（40）	1	植被覆盖率	20	50
	2	土地利用类型	15	37.5
	3	水土流失治理面积	2	5
	4	水源涵养指数	1	2.5
	5	水利风景区数量、级别	1	2.5
	6	生态用地比例	1	2.5

4.2.3.3　基于文献与标准的指标比对

通过分析水环境承载力相关文献，以及国家公开发布的相关标准，进行高频度指标的统计分析。按照水资源、水环境、水生态和土地利用指标，分别进行文献与颁布标准中高频度指标的比对，见表4-4。

表4-4　基于文献与标准的指标比对

频度降序	水资源		水环境	
	文献	标准	文献	标准
1	单位工业增加值/万元GDP 取（用、耗）水	万元工业增加值用水量	城市污水（集中）处理率	水功能区水质达标率

频度降序	水资源		水环境	
	文献	标准	文献	标准
2	人均水资源量	水资源开发利用率	工业废水排放达标率	集中式饮用水水源地水质达标率
3	城市（污水）再生水利用率	农业灌溉水有效利用系数	水污染物排放强度	城镇污水集中处理率
4	水资源开发利用率	生活节水器具普及率	农用化肥施用强度（折纯）	主要污染物排放强度
5	人均日生活用水量	工业用水重复利用率	水环境功能区水质达标率	工业废水达标排放率
6	城市用水总量与可采水资源量之比	环保投资占GDP比例	污径比	地下水水质达标率
7	环保投资占GDP比例	公共供水管网漏损率	单位工业增加值废水排放量	近岸海域水质状况
8	农业灌溉有效利用系数	平原区地下水超采面积	地下水综合污染指数	化肥/农药施用强度
9	生态用水量	生态环境需水保证率	水体富营养化指数	
10	流域外调水比例	人均日生活用水量	人均废水排污量	
11	水域面积指数	水域（河流、湖泊、湿地）面积	近岸海域水环境质量达标率	
12	平原区浅层地下水位漏斗区面积		城镇生活垃圾无害化处理率	
13	用水普及率			

频度降序	水生态		土地利用	
	文献	标准	文献	标准
1	生态基流满足率	物种多样性指数	森林覆盖率	植被覆盖率
2	河流连通性	岸坡稳定性	水土流失率	土地利用类型
3	生物多样性指数	河床稳定性	农业有效灌溉面积	水土流失治理面积
4	河流蜿蜒度	生态需水量/生态基流	土地利用类型	水源涵养指数
5	沉水植被覆盖率	弯曲率	生态用地比例	水利风景区数量、级别
6	自然岸堤所占比例	滨岸带植被覆盖率		生态用地比例
7	叶绿素a	纵向连通性		
8	自然保护区面积	自然岸线保有率		
9	透明度	外来物种威胁程度		
10	河网密度	本地物种受保护程度		
11	水生物种数	浮游植物生物量		
12		河湖生态护岸比例		

通过上述比对，得到文献与标准中共同的高频度指标，其中，水资源、水环境、水生态和土地利用指标分别有 6 个、4 个、6 个和 4 个；同时考虑到标准的规范和可操作性，将标准中非共同的指标作为主要备选指标，供借鉴参考，水资源、水环境、水生态和土地利用的指标分别有 4 个、3 个、2 个和 1 个，得到的指标筛选结果见表 4-5。

表 4-5　基于文献与标准比对的指标筛选结果

维度	个数	共同指标	参考指标
水资源	1	万元工业增加值用水量	流域外调水比例
	2	水资源开发利用率	生活节水器具普及率
	3	农业灌溉水有效利用系数	公共供水管网漏水率
	4	工业用水重复利用率	平原区地下水超采面积
	5	人均日生活用水量	
	6	（人均）水域面积	
水环境	1	水功能区水质达标率	饮用水水源地水质达标率
	2	城镇污水集中处理率	黑臭水体控制比例
	3	主要污染物排放强度	近岸海域水质状况
	4	工业废水达标排放率	
水生态	1	物种多样性指数	水体透明度
	2	弯曲率	水体叶绿素 a 含量
	3	生态环境需水保证率	
	4	纵向连通性	
	5	自然岸线保有率	
	6	沉水植物覆盖率	
土地利用	1	植被覆盖率	土壤保持功能指数
	2	土地利用类型	
	3	水土流失治理面积	
	4	水源涵养指数	

4.2.3.4　基于"一点两线"的指标比对

在上述基于文献和标准比对得到的共同高频指标的基础上，以改善水环境质量、提升水环境承载力为目标，统筹考虑减排和增容两个方面，选取水资源、污染负荷排放相关指标，对水环境承载力进行评估。

减排是以污染负荷排放量为分子，尽量做减法，努力削减工业、城镇生活、农村农业排污总量；增容是以水资源量为分母，尽量做加法，坚持节水即减污，以控制用水总量、提高用水效率。

（1）水资源指标选取

以增容为切入点，选取水资源指标。将水资源指数作为一级指标，二级指标包括水量指数、用水指数，反映区域的水资源禀赋及水资源利用情况。再针对两个二级指标，考虑对增容的正效应及负效应，遵循指标选取原则，结合上述基于文献和标准得到的共同高频指标，筛选得到三级指标层。

（2）水环境指标选取

以减排作为切入点，选取水环境指标。将水环境指数作为一级指标，二级指标包括水质、污染排放以及污染响应类。水质和污染响应类是对减排具有正效应的指数，污染排放类是对减排具有负效应的指数。结合上述基于文献和标准得到的共同高频指标，选取三级指标，见表4-6。

表4-6　基于"一点两线"的指标筛选

维度指标	评估指标	效应
水资源	水域面积占比	正
	人均水域面积	正
	水资源开发利用率	负
	万元工业增加值用水量	负
	农田灌溉水有效利用系数	正
	人均生活用水量	负
水环境	水环境功能区水质达标率	正
	主要污染物排放强度	负
	城镇污水集中处理率	正
	工业废水达标排放率	正
	天然湿地保留率	正
	河湖生态护岸比例	正
水生态	沉水植物覆盖率	正
	生态需水保证率	正
	滨岸带植被覆盖率	正
	蜿蜒度	正
	纵向连通性	负
	渠道化占比	负
	滨岸带生态用地占比	正
土地利用	水源涵养功能指数	正
	径流调节功能指数	正
	水质净化功能指数	正
	植被覆盖率	正
	生态用地比例	正

（3）水生态指标选取

以增容为切入点，选取水生态指标。将水生态指数作为一级指标，二级指标包括水生生物健康指标、栖息地质量指标，反映区域的水生态系统保育及栖息地保护情况。再针对两个二级指标，考虑对增容的正效应及负效应，遵循指标选取原则，结合上述基于文献和标准得到的共同高频指标，筛选得到三级指标层。

（4）土地利用指标选取

以增容为切入点，选取土地利用指标。将土地利用指数作为一级指标，二级指标包括土地利用类型和功能指标，反映区域的土地利用类型和结构对水环境的影响。再针对二级指标，考虑对增容的正效应及负效应，遵循指标选取原则，结合上述基于文献和标准得到的共同高频指标，筛选得到三级指标层。

4.2.4 指标的优选

P-S-R 模型包括三大要素，即压力（pressure）、状态（state）、响应（response），是经济合作与发展组织和联合国环境规划署共同提出的，这一模型框架因果关系较为清晰，即人类生产生活对环境施加了压力，造成环境状态发生变化，另外，人类社会对环境的变化做出了响应，以恢复环境质量或防止造成环境恶化。目前，P-S-R 模型在生态、环境、地球科学等领域都被广泛运用。压力指标又称为压力层，包括直接压力和间接压力；状态指标又称为状态层，指的是反映水环境承载力客体的状态；响应指标又称为响应层，指社会为了缓解人类活动对环境造成的压力而采取的相应措施。从 P-S-R 概念模型出发，考虑京津冀地区人口、社会经济发展现状，以及资源节约利用和生态环境中存在的问题，从水资源、水环境、水生态、土地利用 4 个方面梳理水环境承载力评价指标体系。

4.2.4.1 水资源评估指标

在水资源专项指标中，正效应指标包括水域面积占比、人均水域面积、农田灌溉水有效利用率；负效应指标包括水资源开发利用率、万元工业增加值用水量和人均生活用水量。由于京津冀地区资源性和水质性缺水问题极为突出，水资源开发强度大，流域范围内平原区普遍地表断流、湿地萎缩、功能衰退。因此，优选出水资源开发利用率、万元工业增加值用水量、水域面积占比和人均水域面积四个评估指标（表 4-7）。

表 4-7 水环境承载力评价指标体系

专项指标	分项指标	评估指标
水资源指数（A）		水资源开发利用率（A_1）
		万元工业增加值用水量（A_2）
		水域面积占比（A_3）
		人均水域面积（A_4）
排放强度指数（B）	农业污染物排放强度	农业 COD 排放强度（B_1）
		农业氨氮排放强度（B_2）
		农业 TP 排放强度（B_3）
	废水污染物排放强度	废水 COD 排放强度（B_4）
		废水氨氮排放强度（B_5）
		废水 TP 排放强度（B_6）
水环境质量指数（C）		水质时间达标率（C_1）
		水质空间达标率（C_2）

专项指标	分项指标	评估指标
水生态指数（D）		植被覆盖岸线比（D_1）
		岸边林草带覆盖率（D_2）
		河流连通性（D_3）
		生态基流保障率（D_4）
土地利用指数（E）		水源涵养功能指数（E_1）
		水质净化功能指数（E_2）
		城镇绿地面积占比（E_3）

4.2.4.2 水环境评估指标

在水环境专项指标中，正效应指标包括水环境功能区水质达标率、城镇污水集中处理率、工业废水达标排放率、天然湿地保留率、河湖生态护岸比例；负效应指标为主要污染物排放强度。基于水环境功能区水质达标率为 P-S-R 中的 S，其他指标为 P 和 R，可以将水环境专项指标分为污染物排放强度评估指标和水环境质量评估指标，而天然湿地保留率和河湖生态护岸比例放到水生态专项指标中统筹考虑。对于水环境质量指标，基于水环境功能区水质达标率，优选出水质时间达标率和空间达标率。对于污染物排放强度指数，优选出农业污染物排放强度指标和废水污染物排放强度指标，前者包括农业 COD 排放强度、农业氨氮排放强度、农业总磷（TP）排放强度，后者包括废水 COD 排放强度、废水氨氮（NH_3-N）排放强度、废水 TP 排放强度（表 4-7）。

4.2.4.3 水生态评估指标

在水生态专项指标中，正效应指标包括沉水植物覆盖率、生态需水保证率、滨岸带植被覆盖率、蜿蜒度及滨岸带生态用地占比；负效应指标包括纵向连通性和渠道化占比。京津冀地区以不到全国 1% 的水资源承载了全国 8% 的人口和 11% 的经济量。在生产用水、生活用水、生态用水竞争激烈的情况下，京津冀地区水生态严重受损，河流水体"两面光"和断流干涸严重。因此，优选出植被覆盖岸线比、岸边林草带覆盖率、河流连通性和生态基流保障率 4 个评估指标（表 4-7）。

4.2.4.4 土地利用评估指标

土地利用专项指标包括水源涵养功能指数、径流调节功能指数、水质净化功能指数、植被覆盖率和生态用地比例等，都是正效应指标。从京津冀土地利用类型来看，主要以耕地和林地为主，建筑用地为辅。基于 P-S-R 模型，土地利用指标以响应的正效应指标为主，增加水环境容量。因此，优选出水源涵养功能指数、水质净化功能指数和城镇绿地面积占比 3 个评估指标（表 4-7）。

4.2.5　指标的精选

4.2.5.1　指标的定义及算法

（1）水资源指数指标（A_1～A_4）

水资源指数专项指标包含 4 个评价指标。

1）水资源开发利用率（A_1）

用水量（工业、农业、生活、环境等）与流域多年平均水资源总量的比。水资源总量是评估区内降水形成的地表、地下产水及调入水的总量，即地表产流、降水入渗补给地下水量及调入水量之和，不包括过境水量。反映人类用水对江河生态产生的压力。

计算公式为

$$A_1 = \frac{流域用水总量（t）}{流域多年平均水资源总量（t）}$$

数据来源：地区统计年鉴、水资源公报。

2）万元工业增加值用水量（A_2）

单位工业生产总值耗水量，即工业用水量与工业生产总值之比。反映工业生产用水对江河生态产生的压力。

计算公式为

$$A_2 = \frac{工业用水量（t）}{工业生产总值（万元）}$$

数据来源：城市统计、水利、环保部门。

3）水域面积占比（A_3）

在辖区内，水域面积与区域总面积之比。该指标主要反映区域水资源禀赋情况，还响应了水生态和水环境特征。

计算公式为

$$A_3 = \frac{水域面积（km^2）}{区域总面积（km^2）}$$

注：水域涉及河流、湖泊、湿地等。

数据来源：统计年鉴、遥感影像（解译）。

4）人均水域面积（A_4）

在辖区内，水域面积与区域总人口之比。该指标主要反映区域水资源人均情况，还反映了人类活动和水环境特征。

计算公式为

$$A_4 = \frac{水域面积（km^2）}{区域总人口（人）}$$

注：水域涉及河流、湖泊、湿地等。

数据来源：统计年鉴、遥感影像（解译）。

（2）排放强度指数（$B_1 \sim B_6$）

1）农业污染物排放强度

农业污染物排放强度，指单位农业生产总值排放污染物（COD、NH_3-N、TP）吨数，即农业生产过程中排放的污染物与农业生产总值之比。

计算公式为

$$B_1 = \frac{农业\,COD\,排放量（kg）}{农业生产总值（万元）}$$

$$B_2 = \frac{农业\,NH_3\text{-}N\,排放量（kg）}{农业生产总值（万元）}$$

$$B_3 = \frac{农业\,TP\,排放量（kg）}{农业生产总值（万元）}$$

数据来源：统计年鉴和生态环境部门统计数据。

2）废水污染物排放强度

废水污染物排放强度指单位工业和第三产业生产总值废水污染物（COD、NH_3-N、TP）排放吨数，即污水厂排放污染物的量与工业和第三产业生产总值之比。反映评估区域内污水厂出水排放的污染物对水环境的压力。

计算公式为

$$B_4 = \frac{污水厂出水\,COD\,排放量（kg）}{工业 + 第三产业生产总值（万元）}$$

$$B_5 = \frac{污水厂出水\,NH_3\text{-}N\,排放量（kg）}{工业 + 第三产业生产总值（万元）}$$

$$B_6 = \frac{污水厂出水\,TP\,排放量（kg）}{工业 + 第三产业生产总值（万元）}$$

数据来源：统计年鉴和生态环境部门统计数据。

（3）水环境质量指数（$C_1 \sim C_2$）

水环境质量指数通常包括四个，即水质时间达标率、水质空间达标率、水质达标率和污染物超标指数等，这里只取前两个。

1）水质时间达标率（C_1）

反映评价区域内水质在时间尺度上的达标情况，为所有断面（点位）水质时间达标率的算术平均值。断面（点位）水质时间达标率指在一年内不同时期水质达标次数占监测总次数的百分比。

计算公式为

$$C_1 = \frac{1}{n}\sum_{i=1}^{n} C_i$$

$$C_i = \frac{\text{断面（点位）达标次数}}{\text{评价年监测总次数}} \times 100\%$$

式中，n 为区域内断面（点位）个数；C_i 是指第 i 个断面（点位）水质时间达标率。

数据来源：由各省（区、市）生态环境部门提供。

2）水质空间达标率（C_2）

反映评价区域内水质在空间尺度上的达标情况，指区域内年度达标断面（点位）个数占断面（点位）总个数的百分比。水质空间达标率采用一年内不同时期各断面（点位）水质监测数据的算术平均值进行计算。

计算公式为

$$C_2 = \frac{\text{区域达标断面（点位）个数}}{\text{区域断面（点位）总个数}} \times 100\%$$

数据来源：由各省（区、市）生态环境部门提供。

（4）水生态指数（$D_1 \sim D_4$）

水生态指数指标包含 4 个评价指标。

1）植被覆盖岸线比（D_1）

植被覆盖率指某一地域植物垂直投影面积与该地域面积之比，是表征植被状况的重要指标。植被覆盖岸线比是指河流（流域面积＞50 km²）或湖库（水面面积＞1 km²）植被覆盖（＞3 m）岸线长度占总岸线长度的比例，反映河流湖库岸边植被覆盖情况对其生态环境的影响，植被覆盖岸线比越大，生态状况越好，反之生态状况越差。

计算公式为

$$D_{11} = \frac{\text{植被覆盖岸线长度（km）}}{\text{河流总长度} \times 2\text{（km）}}$$

$$D_{12} = \frac{\text{植被覆盖岸线长度（km）}}{\text{湖库岸线长度（km）}}$$

数据来源：利用近 2 年的遥感影像解译河流两侧岸线总长度，解译河流两侧的植被覆盖岸线的总长度。一般应保证分辨率在 20 m 以上，云量小于 5%。

2）岸边林草带覆盖率（D_2）

林草覆盖率是指以行政区域为单位，乔木林、灌木林与草地等林草植被面积之和占区域土地面积的百分比。岸边林草带覆盖率是指河流（流域面积＞50 km²）或湖库（水面面积＞1 km²）的岸边带（河流湖库周边 100 m 缓冲区，即河流或湖泊缓冲带）林地与草地面积之和与岸边带面积的比值。

计算公式为

$$D_2 = \frac{\text{岸边林草面积（km}^2\text{）}}{\text{岸边带面积（km}^2\text{）}}$$

数据来源：遥感解译。

3）河流连通性（D_3）

河流（流域面积>50 km²）单位长度修建闸坝个数。闸坝越少，反映河流纵向连通性越好，营养物质流和能量流的空间连通性、生物群落结构空间连通性以及信息流空间连通性越好，水环境承载力越大。

计算公式为

$$D_3 = 100 - \text{闸坝个数} \times \frac{100}{\text{河段长度（km）}}$$

公式中常数100的选取依据如下：

河流上拦河建筑物的规划布置主要是根据河流沿线的自然地理条件、社会经济发展水平和发展需求等因素确定；在流经乡村农田及林地的河流上修建的拦河闸（坝）多为防洪、灌溉、除涝等目的，拦河闸（坝）的梯级布置间距往往较大，其布置间距从数十千米至上百千米不等；流经城镇或周边的河流，因其位置重要、影响较大，建设任务不仅要考虑防洪、供水等因素，还要考虑水生态、水环境、水景观等因素，以形成较为宽广、连续的水面，规划布置的拦河闸（坝）数量相对较多，梯级间距也相对较近，其布置间距从几千米至十几千米不等。

河流的比降也是影响梯级拦河闸（坝）群布置的重要因素，如河道平缓、比降较小，拦河闸（坝）蓄水影响范围较长，则梯级布置间距较大；如河道较陡、比降较大，拦河闸（坝）蓄水影响范围较短，则梯级布置间距较小。

数据来源：利用近2年遥感影像解译结果获取指标数据，一般应保证分辨率在20 m以上，云量小于5%，利用卫星图片调查河流闸坝数。

4）生态基流保障率（D_4）

生态基流量是指为保障河流生态服务功能，用以维持或恢复河流生态系统基本结构与功能所需的最小流量。生态基流保障率为一年内流量超过生态基流的天数占比。生态基流保障率越高，河流生态系统服务功能越强，水环境承载力越大。

计算公式为

$$D_4 = \frac{\text{达标天数（实际流量>生态基流）}}{365} \times 100\%$$

式中，生态基流流量利用Tennant法计算，该方法属于水文学计算法的一种，适用于流量比较大且水文资料系列较长的江河。

以近 10 年平均流量的 20%作为生态基流。计算公式为

$$生态基流 = 近10年年平均流量 \times 20\%$$

数据来源：数据取自江河（段）内各监测站点数据。

（5）土地利用指数指标（$E_1 \sim E_3$）

土地利用指数包括水源涵养功能指数、水质净化功能指数和城镇绿地面积占比三项指标。

1）水源涵养功能指数（E_1）

①水源涵养能力

目前水源涵养功能研究包括多项内容，比如植被/土地利用对降水的影响、植被/土地利用蒸发散、植被/土地利用对径流的影响等，致使当前的水源涵养功能研究不仅关注各生态系统内的水文过程，同时也关注于多个水文过程所产生的综合效应。因此，水源涵养功能不仅指植被拦蓄降水的功能，还指生态系统内多个水文过程及其水文效应的综合表现。关于水源涵养功能评价有多种方法，主要有土壤蓄水能力法、综合蓄水法、林冠截留剩余法、水量平衡法、降水储存量法、多因子回归法等。本研究采用林冠截留剩余法来评价各地类水源涵养能力。

林冠截留剩余量法认为，森林土壤拦截、渗透与储藏的雨水数量即为涵养水源量，在降雨过程中，未被林冠层（包括灌木层）截留而落到地表的雨水，经重力作用不断通过土壤进行下渗，而森林土壤通常不会因水分饱和产生地表径流，因此林冠截留剩余的水量就是森林的水源涵养量，可以通过降雨量和冠层截留率计算得到。区域各地类单位面积水源涵养能力为冠层截留量与降雨量的比值，计算公式为

$$W = \eta \times F$$

式中，W 为区域各地类水源涵养能力，量纲一；η 为各地类冠层截留率，量纲一；F 为区域各地类水源涵养功能调整系数，量纲一，主要依据区域各地类植被生物量或覆盖度和全国各地类植被生物量或覆盖度平均值的比值（表 4-8）。

表 4-8　各地类冠层截留率

土地利用类型	林地	园地	耕地	草地	建设用地	荒漠与裸露地表	水域
冠层截留率/%	26~40	20~35	10~15	10~25	0.1~1.0	4~10	10~20

②水源涵养功能指数

区域水源涵养功能指数计算模型为

$$E_1 = \sum_{i=1}^{n} 100 \times W_i \times S_i$$

$$\sum_{i=1}^{n} S_i = 1$$

式中，E_1 为区域径流调节功能指数，量纲一；W_i 为 i 地类水源涵养能力，量纲一；S_i 为 i 地类面积百分比。

数据来源：评价数据主要来自研究文献、监测站点等数据，并利用遥感数据反演获取的 NDVI、覆盖度、生物量等数据进行调整。

2）水质净化功能指数（E_2）

①水质净化

水质净化功能是指水环境通过一系列物理和生化过程对进入其中的污染物进行吸附、转化以及生物吸收等，使水体生态功能部分或完全恢复至初始状态的能力。

根据《地表水环境质量标准》（GB 3838—2002）中规定的水环境质量应控制的项目和限值，选取 NH$_3$-N、COD 和 TP 等指标作为生态系统水质净化功能的评价指标。各土地利用类型土壤水质净化量计算公式为

$$Q_w = (\varphi_{COD} + \varphi_{NH_3\text{-}N} + \varphi_{TP}) \times W \times A \times F$$

式中，Q_w 为区域生态系统水质净化功能量，kg/a；φ_{COD} 为土地利用汇流中 COD 浓度较雨水 COD 浓度的比值，%；$\varphi_{NH_3\text{-}N}$ 为土地利用汇流中 NH$_3$-N 浓度较雨水 NH$_3$-N 浓度的比值，%；φ_{TP} 为土地利用汇流中 TP 浓度较雨水 TP 浓度的比值，%；W 为土地利用汇流能力，t·hm^2；A 为地类面积，km^2；F 为土地利用水质净化功能调整系数，主要依据植被覆盖度、NDVI、生物量等进行调整。雨水和汇流中 COD、NH$_3$-N 和 TP 浓度及各地类汇流能力可依据现有研究文献获得。

②水质净化功能指数

区域水质净化功能指数主要依据区域各地类年 COD、NH$_3$-N 和 TP 净化量分别与相应污染物排放量的比值确定。具体是先核算区域各地类 COD、NH$_3$-N 和 TP 年净化量与年排放量的比值，再计算上述三种污染物年净化量与年排放量的比值的平均值，最后依据平均比值确定区域水质净化功能指数。年水质净化量与年排放量平均比值计算公式为

$$E_2 = \sum \frac{(U_{COD1}/U_{COD2} + U_{NH_3\text{-}N1}/U_{NH_3\text{-}N2} + U_{TP1}/U_{TP2})}{3}$$

式中，E_2 为水质净化功能指数；U_{COD1} 为 COD 年净化量；U_{COD2} 为 COD 年排放量；$U_{NH_3\text{-}N1}$ 为 NH$_3$-N 年净化量；$U_{NH_3\text{-}N2}$ 为 NH$_3$-N 年排放量；U_{TP1} 为 TP 年净化量；U_{TP2} 为 TP 年排放量。

数据来源：主要利用测绘部门提供的土地利用数据、国家及市县气象站点气象数据、共享平台生

态系统长期监测数据及文献植被水文数据等数据。

3）城镇绿地面积占比（E_3）

城镇绿地面积占比是指城镇各类绿地总面积占城镇面积的比值，是反映城镇环境质量的一项重要指标。

计算公式为

$$E_3 = \frac{城镇各类绿地总面积}{城镇总面积} \times 100\%$$

注：城镇各类绿地包括公共绿地、居住区绿地、单位附属绿地、防护绿地、生产绿地、风景林地等六类。数据来源：主要利用测绘部门提供的土地利用、国土部分等根据遥感解译的数据。

4.2.5.2 京津冀地区典型区县评估指标的计算

基于优选出来的 19 个评估指标，收集京津冀地区 2016—2018 年的相关数据资料，计算 43 个县区的 19 个评估指标数值。

4.2.5.3 指标的显著性和独立性分析

基于京津冀地区 43 个县区 2016—2018 年 19 个评估指标，应用相关性分析[126, 127]，研究评估指标的显著性和独立性等特征。京津冀县区水环境承载力的 19 个评估指标包括水资源指数（A）、水环境指数（B 和 C）（排放强度指数 B、水环境质量指数 C）、水生态指数（D）和土地利用指数（E）5 个维度。19 个指标的相关性分析如图 4-5 所示，5 个维度指标之间的总体相关性并不显著（$p > 0.05$），表明 5 个维度指标独立性较强。在排放强度指标中，3 个农业污染物排放强度指标之间呈显著正相关（$p < 0.01$），3 个废水污染物排放强度指标之间呈现显著相关性（$p < 0.01$），表明排放评估指标的显著性强；农业污染物排放强度指标与废水污染物排放强度指标之间相关性较弱，表明两者之间独立性强。水生态指标（除了河流连通性）与土地利用指标呈现显著相关性，表明水生态和土地利用指标的显著性强。

此外，农业 COD 排放强度（B_1）与 B_2、D_2、D_3、E_1 等呈显著性相关，结合京津冀地区农业以旱作为主，典型污染物为 NH_3-N 和 TP，将 COD 指标剔除。E_1 与 A_1、A_3、B_1、B_2、B_3、B_4、B_5、B_6、D_2、D_3、E_2 及 E_3 呈显著性相关，表明 E_1 独立性较差，将 E_1 剔除。

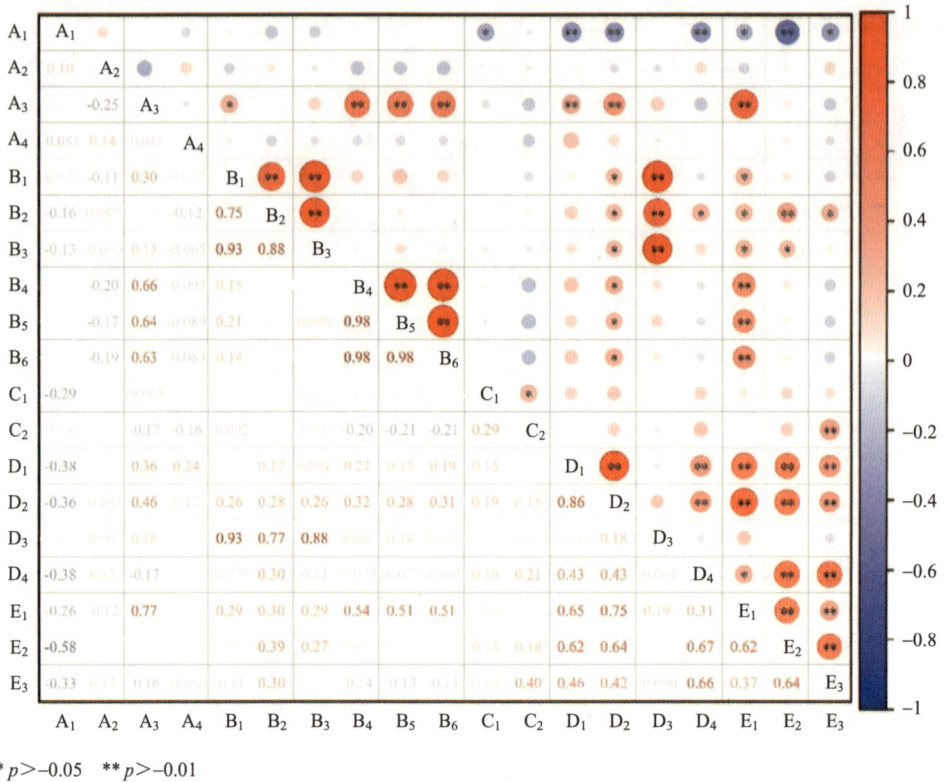

$* p > -0.05 \quad ** p > -0.01$

图 4-5　京津冀地区县区水环境承载力指标体系相关性分析结果

4.2.5.4　指标敏感性分析

针对优选的 19 个评估指标，以水资源指数（A）、排放强度指数（B）、水环境质量指数（C）、水生态指数（D）和土地利用指数（E）作为结构方程模型的 5 个潜变量，各指数对应的指标作为观测变量，并选取水环境质量指数作为模型的输出值，进行敏感性分析。所构建结构方程[128, 129]模型初始结构，如图 4-6 所示。

基于资料的收集和数据的预处理，进行模式中参数的估计。模型估计方法，采用最大似然法和一般化最小平方法等；结构方程模型分析中的参数估计，本研究选取了最小化历史（Minimization history）、标准化估计（Standardized estimates）、平方多重相关性（Squared multiple correlations）、残差矩阵（Residual moments）和临界差异比（Modification indices）这 5 个指标作为模型拟合的输出项，如图 4-7 所示。

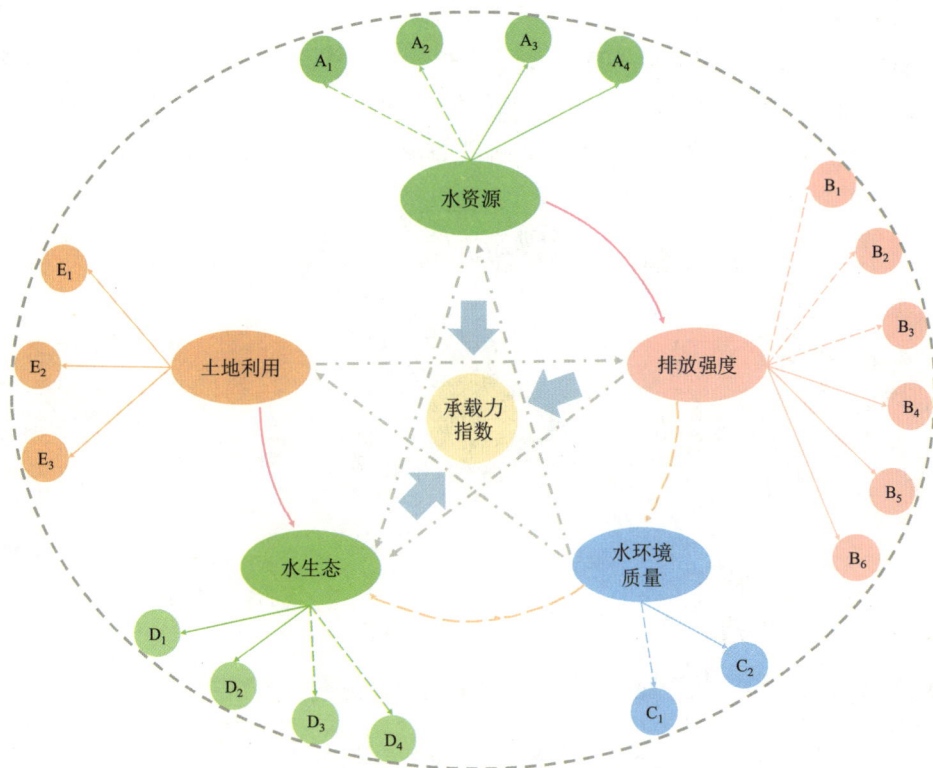

图 4-6　模型初始结构

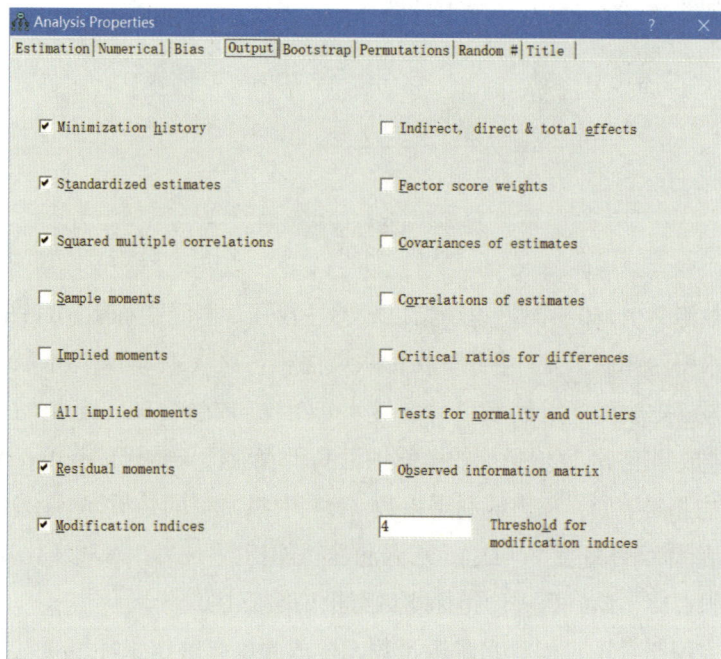

图 4-7　模型输出项参数

通过数据拟合，得到模型评价指标及模型的路径系数（图 4-8）。模型评价指标表现为：CMINDF=2.99，RMSEA=0.056，GFI=0.911，NFI=0.903，IFI=0.912，TLI=0.901。CMINDF 小于 3，表明模型具有理想的拟合度。RMSEA 小于 0.08，其余各指标值均达到了模型拟合的接受标准值（＞0.9），基本上能够接受模型设定的假设情况。

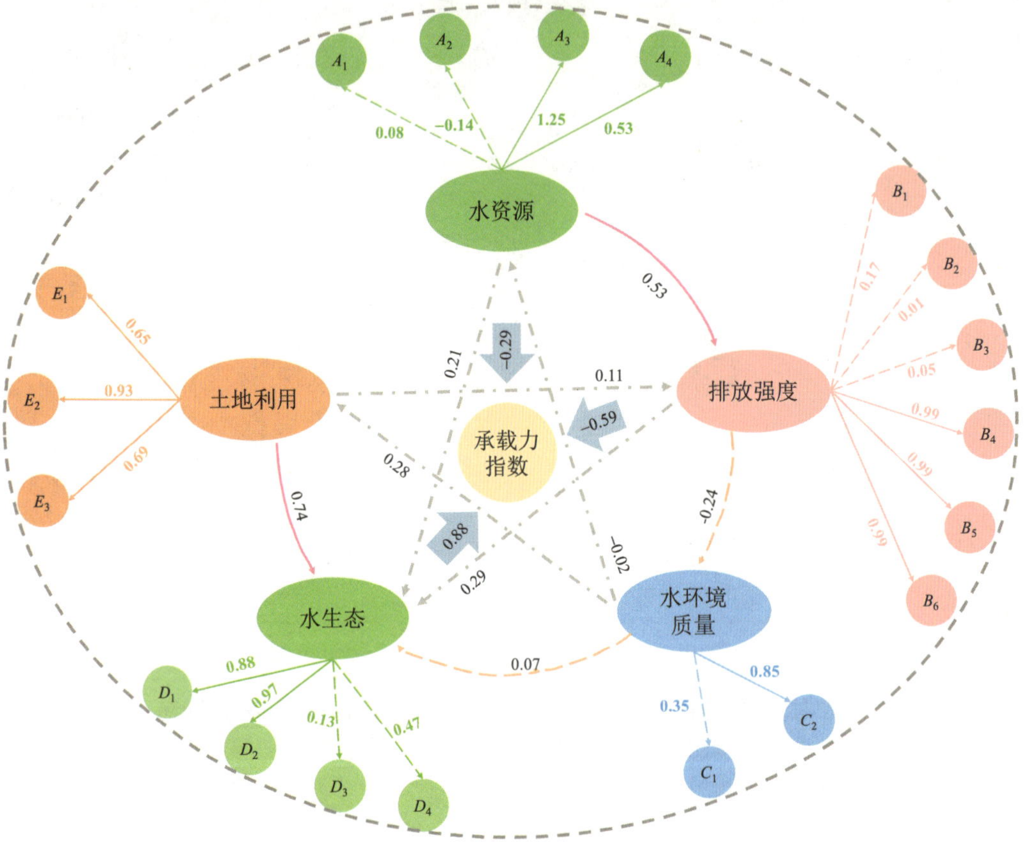

图 4-8　指标敏感性图

当路径系数绝对值＞0.5 时，说明指标敏感性较强，基于指标敏感性图（图 4-8）可知，专项指标水资源指标（A）中评价指标水域面积占比（A_3）、人均水域面积（A_4）的指标敏感性极强；排放强度指数（B）中，废水 COD 排放强度 B_4、废水 NH₃-N 排放强度 B_5、废水 TP 排放强度 B_6 评价指标的敏感性远高于农业污染物排放强度；水环境质量指数（C）、水生态指数（D）和土地利用指数（E）中水质空间达标率（C_2）、植被覆盖岸线比（D_1）、岸边林草带覆盖率（D_2）、水源涵养功能指数（E_1）、水质净化功能指数（E_2）和城镇绿地面积占比（E_3）等评价指标均具有极高敏感性。

根据结构方程路径图可得到水资源指数、排放强度指数、水环境质量指数、水生态指数和土地利用指数 5 个环境因子的权重分别占总权重的 23.891%、25.642%、2.045%、

26.697%和21.725%（表4-9）。其中水生态指数对水环境承载力指数影响权重最大。

表4-9　水环境承载力影响因子权重赋值

环境因子	路径系数	总权重/%	潜变量	路径系数	权重	观测变量	路径系数	因子权重	相对水环境承载力指数的权重
水资源	0.788	23.891	水资源	0.29	36.825	A_1	0.08	0.040	0.352
						A_2	0.14	0.070	0.616
						A_3	1.25	0.625	5.499
						A_4	0.53	0.265	2.331
			排放强度	0.313	39.708	B_1	0.17	0.053	0.504
						B_2	0.01	0.003	0.030
						B_3	0.05	0.016	0.148
						B_4	0.99	0.309	2.935
						B_5	0.99	0.309	2.935
						B_6	0.99	0.309	2.935
			水生态	0.185	23.467	D_1	0.88	0.359	2.014
						D_2	0.97	0.396	2.220
						D_3	0.13	0.053	0.297
						D_4	0.47	0.192	1.076
排放强度	0.845 2	25.642	排放强度	0.59	69.806	B_1	0.17	0.053	0.951
						B_2	0.01	0.003	0.056
						B_3	0.05	0.016	0.280
						B_4	0.99	0.309	5.538
						B_5	0.99	0.309	5.538
						B_6	0.99	0.309	5.538
			水生态	0.255	30.194 6	D_1	0.88	0.359	2.781
						D_2	0.97	0.396	3.065
						D_3	0.13	0.053	0.411
						D_4	0.47	0.192	1.485
水环境	0.067	2.045	水生态	0.062	91.395	D_1	0.88	0.359	0.671
						D_2	0.97	0.396	0.740
						D_3	0.13	0.053	0.099
						D_4	0.47	0.192	0.359

环境因子	路径系数	总权重/%	潜变量	路径系数	权重	观测变量	路径系数	因子权重	相对水环境承载力指数的权重
水环境	0.067	2.045	水资源	0.006	8.605 5	A_1	0.08	0.040	0.007
						A_2	0.14	0.070	0.012
						A_3	1.25	0.625	0.110
						A_4	0.53	0.265	0.047
水生态	0.88	26.697	水生态	0.88	100	D_1	0.88	0.359	9.589
						D_2	0.97	0.396	10.570
						D_3	0.13	0.053	1.417
						D_4	0.47	0.192	5.122
土地利用	0.716	21.725	排放强度	0.065	9.063	B_1	0.17	0.053	0.105
						B_2	0.01	0.003	0.006
						B_3	0.05	0.016	0.031
						B_4	0.99	0.309	0.609
						B_5	0.99	0.309	0.609
						B_6	0.99	0.309	0.609
			水生态	0.651	90.937	D_1	0.88	0.359	7.096
						D_2	0.97	0.396	7.822
						D_3	0.13	0.053	1.048
						D_4	0.47	0.192	3.790
总计		100							100

结合相关性分析和敏感性分析，农业 COD 排放强度与农业 NH_3-N 和 TP 排放强度相关性较强且与其他指标之间具有同样的相关性，表明存在指标的重复性，同时敏感性较差。因此，剔除农业 COD 排放强度。水源涵养功能指数敏感性虽然较强，但是其与其他指标之间相关性普遍较强，故，进行剔除。

4.2.6　京津冀地区承载力指标体系构建

基于"'十四五'生态环境保护规划"的要求，结合京津冀地区经济社会发展特征，考虑到指标数据获取的科学性和准确性，保留 COD、NH_3-N 和 TP 排放强度指标，适当减少统计数据指标，保留遥感解译或监测数据指标，对指标体系进行精选，从"水资源、排放强度、水环境质量、水生态和土地利用"5 个维度精选出 17 个指标，构成水环境承载力评价指标体系，如图 4-9 所示。

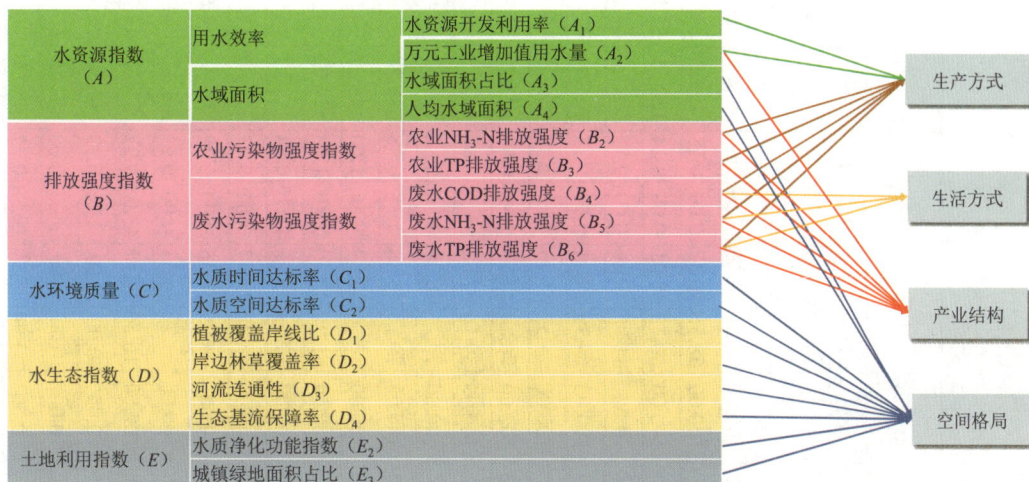

图 4-9　京津冀地区水环境承载力评估指标体系

精选出的水资源、排放强度、水环境质量、水生态和土地利用等 5 个专项指标和 17 个评估指标，其中，涉及生产方式的有水资源开发利用率、万元工业增加值用水量、农业 NH_3-N 排放强度、农业 TP 排放强度、废水 COD 排放强度、废水 NH_3-N 排放强度和废水 TP 排放强度等，涉及生活方式的有废水 COD 排放强度、废水 NH_3-N 排放强度和废水 TP 排放强度，涉及产业结构的有万元工业增加值用水量、农业 NH_3-N 排放强度、农业 TP 排放强度、废水 COD 排放强度、废水 NH_3-N 排放强度和废水 TP 排放强度，涉及空间格局的有水域面积占比、水质时间达标率、水质空间达标率、植被覆盖岸线比、岸边林草覆盖率、河流连通性、生态基流保障率、水质净化功能指数和城镇绿地面积占比。

4.2.7　京津冀地区典型县区评估指标计算

对 2016—2018 年京津冀 43 个县区的数据收集整理，计算 2016—2018 年的评估指标值，见表 4-10～表 4-12。

表4-10 2016年京津冀地区典型县区水环境承载力评估指标

地级市	县区	主体功能区	水资源指数				排放强度指数					水环境质量指数		水生态质量指数				土地利用指数	
							农业		废水										
			A_1	A_2	A_3	A_4	B_2	B_3	B_4	B_5	B_6	C_1	C_2	D_1	D_2	D_3	D_4	E_2	E_3
			%	t/万元	%	m²/人	kg/万元	kg/万元	kg/万元			%	%	%				/	%
保定市	安新县	农产品主产区	90.72	48.76	15.85	247.65	25.73	60.306	0.28	0.002	0.005	8.33	0.00	54.16	52.87	0.00	0.41	117.62	17.07
保定市	定兴县	农产品主产区	171.31	25.56	0.33	3.89	39.09	49.943	0.24	0.001	0.002	100.00	100.00	35.36	29.46	11.69	0.04	77.46	10.71
保定市	莲池区	重点开发区	255.13	6.88	0.83	2.39	5.19	7.365	0.59	0.006	0.006	33.33	100.00	58.55	30.37	0.00	0.18	45.62	13.27
保定市	唐县	重点生态功能区	83.46	62.82	2.24	52.55	19.72	48.214	0.00	0.000	0.000	100.00	100.00	38.13	38.01	0.00	0.24	122.11	57.12
沧州市	泊头市	农产品主产区	176.43	12.64	1.43	22.83	0.16	0.185	0.12	0.009	0.001	58.33	0.00	11.86	6.12	0.00	0.12	75.30	14.54
沧州市	黄骅市	重点开发区	113.69	14.67	12.77	413.60	0.18	0.211	0.59	0.018	0.027	100.00	100.00	64.39	44.34	0.00	0.34	104.64	17.03
承德市	承德县	重点生态功能区	43.74	26.14	0.25	21.21	0.71	0.480	0.27	0.016	0.003	66.67	100.00	75.51	41.43	4.23	1.00	152.28	80.59
承德市	宽城满族自治县	重点生态功能区	75.70	12.64	2.04	151.95	1.59	0.491	0.25	0.004	0.004	100.00	100.00	76.84	54.03	12.61	0.59	127.16	72.23
承德市	隆化县	农产品主产区	33.25	32.42	0.19	23.46	0.62	0.508	0.19	0.021	0.002	94.44	100.00	59.16	37.82	15.63	0.67	163.23	84.08
承德市	平泉县	农产品主产区	42.34	20.12	0.13	8.94	0.86	0.583	0.13	0.037	0.001	70.83	100.00	70.72	40.36	4.80	0.81	153.63	73.65
承德市	双滦区	重点开发区	60.20	20.98	0.76	22.95	0.88	0.555	0.16	0.003	0.003	100.00	100.00	73.78	40.88	5.38	0.78	138.28	75.54
承德市	双桥区	重点开发区	47.83	237.10	1.24	13.10	2.36	1.302	0.48	0.012	0.009	100.00	100.00	54.16	47.89	7.54	1.00	148.52	74.65
承德市	兴隆县	重点生态功能区	95.58	30.88	0.54	50.73	0.65	0.219	0.20	0.022	0.002	77.78	100.00	65.29	47.70	2.49	1.00	114.73	74.25
承德市	鹰手营子矿区	重点开发区	91.48	49.56	0.41	9.60	1.04	0.337	0.39	0.010	0.004	55.56	100.00	67.01	35.25	41.79	0.54	117.17	79.99
邯郸市	磁县	农产品主产区	91.25	23.19	6.36	95.45	0.16	0.248	0.27	0.034	0.004	100.00	100.00	45.22	29.87	7.64	0.47	117.30	35.75
衡水市	阜城县	农产品主产区	169.58	31.53	0.54	10.53	0.00	0.211	1.90	0.185	0.028	75.00	0.00	25.95	38.26	0.00	0.29	78.19	14.66
衡水市	饶阳县	农产品主产区	201.95	62.73	0.12	2.28	0.00	0.112	0.66	0.052	0.011	100.00	100.00	21.21	26.57	0.00	0.24	65.02	8.83
衡水市	武强县	农产品主产区	170.68	40.25	0.81	16.35	0.00	0.307	0.59	0.046	0.008	50.00	100.00	16.56	32.01	43.97	0.27	77.72	11.98
廊坊市	安次区	重点开发区	164.45	16.74	1.46	22.92	0.05	0.088	0.73	0.016	0.009	0.00	0.00	0.00	0.00	4.22	0.32	80.40	26.10
廊坊市	霸州市	重点开发区	171.39	7.25	2.78	34.62	0.07	0.095	0.85	0.010	0.015	20.00	0.00	0.00	0.00	0.00	0.00	77.42	19.28
廊坊市	三河市	重点开发区	193.80	7.54	1.47	14.30	0.05	0.086	0.13	0.036	0.010	0.00	0.00	63.94	45.59	19.30	0.27	68.23	24.91

地级市	县区	主体功能区	水资源指数				排放强度指数					水环境质量指数		水生态质量指数				土地利用指数	
							农业			废水									
			A_1	A_2	A_3	A_4	B_2	B_3	B_4	B_5	B_6	C_1	C_2	D_1	D_2	D_3	D_4	E_2	E_3
			%	t/万元	%	m²/人	kg/万元	万元		kg/万元		%		%				/	%
秦皇岛市	北戴河区	重点开发区	168.86	303.71	2.84	33.13	0.12	0.125	0.64	0.000	0.003	44.44	0.00	77.92	35.94	14.10	0.31	78.50	28.59
秦皇岛市	昌黎县	重点开发区	151.91	18.69	4.83	111.03	0.06	0.231	0.80	0.298	0.100	9.09	0.00	66.38	36.03	0.00	0.31	85.96	18.17
秦皇岛市	抚宁区	重点生态功能区	140.26	52.97	2.70	76.34	0.02	0.155	0.08	0.007	0.002	63.64	100.00	65.24	29.50	0.00	0.36	91.35	32.50
秦皇岛市	海港区	重点开发区	138.93	19.02	1.20	13.81	0.10	0.246	0.61	0.277	0.048	100.00	100.00	67.62	45.17	0.00	0.38	91.98	47.00
秦皇岛市	卢龙县	农产品主产区	148.71	45.93	1.65	37.34	0.08	0.117	0.05	0.009	0.002	81.82	100.00	63.07	36.99	0.00	0.32	87.42	22.42
秦皇岛市	青龙满族自治县	重点生态功能区	77.27	105.32	1.28	79.25	0.05	0.145	0.08	0.005	0.003	75.00	100.00	72.71	50.22	2.66	0.57	126.12	67.32
秦皇岛市	山海关区	重点开发区	124.92	44.88	5.62	85.16	0.02	0.198	0.36	0.004	0.004	66.67	100.00	56.89	57.63	0.00	0.40	98.84	42.31
石家庄市	平山县	重点生态功能区	41.53	12.54	2.54	133.49	0.52	0.321	0.54	0.441	0.003	91.67	100.00	44.98	53.34	0.00	0.77	154.42	72.32
石家庄市	深泽县	农产品主产区	198.74	22.59	0.30	3.38	0.15	0.021	0.49	0.027	0.004	12.50	100.00	14.76	14.01	2.52	1.00	66.28	7.99
石家庄市	辛集市	重点开发区	221.01	6.70	0.30	4.41	0.09	0.013	0.81	0.357	0.002	100.00	100.00	0.00	0.00	0.00	0.21	57.79	4.96
石家庄市	赵县	农产品主产区	233.70	12.14	0.13	1.48	0.23	0.033	0.69	0.059	0.001	0.00	0.00	13.14	10.33	39.93	0.19	53.16	3.08
唐山市	丰南区	重点开发区	138.92	4.99	9.48	234.62	0.00	0.249	0.13	0.012	0.002	50.00	100.00	63.14	38.07	31.31	0.13	91.98	14.46
唐山市	乐亭县	重点开发区	167.12	15.94	9.57	300.12	0.00	0.206	0.10	0.011	0.002	87.50	100.00	71.94	68.12	0.00	0.28	79.25	13.12
唐山市	滦县	重点开发区	162.65	6.30	1.62	29.64	0.00	0.114	0.22	0.015	0.002	100.00	100.00	65.12	42.14	21.14	0.98	81.18	18.80
唐山市	迁西县	重点生态功能区	143.72	6.73	3.38	122.37	0.00	0.211	0.04	0.002	0.001	10.00	100.00	56.81	43.30	15.81	0.62	89.72	37.19
唐山市	玉田县	农产品主产区	165.24	9.35	2.36	39.23	0.00	0.109	0.31	0.019	0.004	30.00	100.00	24.45	25.07	20.82	0.28	80.06	12.42
唐山市	遵化市	重点开发区	197.09	7.19	1.73	34.48	0.00	0.105	0.06	0.003	0.001	100.00	100.00	34.77	22.25	16.87	0.27	66.92	23.12
邢台市	宁晋县	农产品主产区	179.71	9.06	0.80	10.39	0.20	0.245	0.11	0.003	0.002	100.00	100.00	32.06	12.67	0.00	0.00	73.93	5.61
邢台市	任县	农产品主产区	188.50	59.08	0.20	2.31	0.21	0.336	0.25	0.015	0.003	100.00	100.00	26.72	9.94	31.53	0.24	70.34	6.53
张家口市	怀安县	重点生态功能区	96.85	56.43	0.34	23.19	0.06	0.069	0.26	0.022	0.002	100.00	100.00	49.49	36.84	0.00	0.43	113.99	55.05
张家口市	怀来县	重点生态功能区	106.06	75.40	2.27	113.57	0.05	0.074	0.26	0.029	0.002	70.00	100.00	35.31	33.27	2.38	0.45	108.78	57.43
张家口市	涿鹿县	重点生态功能区	66.22	52.22	0.10	8.09	0.07	0.075	0.34	0.026	0.002	100.00	100.00	42.82	37.77	43.09	0.63	133.78	73.13

表4-11 2017年京津冀地区典型县区水环境承载力评估指标

地级市	县区	主体功能区	水资源指数				排放强度指数					水环境质量指数		水生态质量指数				土地利用指数	
			A_1	A_2	A_3	A_4	农业		B_4	废水		C_1	C_2	D_1	D_2	D_3	D_4	E_2	E_3
							B_2	B_3		B_5	B_6								
			%	t/万元	%	m²/人	kg/万元			kg/万元		%		%				/	%
保定市	安新县	农产品主产区	92.51	49.43	15.75	245.06	0.25	0.622	0.27	0.004	0.005	83.33	0.00	55.47	52.75	0.00	0.41	116.55	17.02
保定市	定兴县	农产品主产区	209.25	24.50	0.26	3.09	0.15	0.190	0.22	0.010	0.003	100.00	100.00	31.95	29.02	14.63	0.04	76.36	5.16
保定市	莲池区	重点开发区	169.41	10.89	0.59	1.66	0.09	0.123	0.58	0.013	0.006	91.60	100.00	58.55	30.37	0.00	0.18	44.53	32.13
保定市	唐县	重点生态功能区	205.99	49.21	0.15	3.48	0.11	0.266	0.00	0.000	0.000	100.00	100.00	40.80	38.43	0.51	0.24	120.91	5.59
沧州市	泊头市	农产品主产区	175.57	14.05	1.52	24.08	0.15	0.165	0.12	0.004	0.002	91.67	100.00	6.36	5.83	0.00	0.12	75.66	14.50
沧州市	黄骅市	重点开发区	118.61	14.02	12.19	391.49	0.09	0.143	0.58	0.013	0.006	33.33	100.00	62.66	43.63	0.00	0.34	102.06	17.03
承德市	承德县	重点生态功能区	43.90	31.05	0.25	21.51	1.02	0.555	0.22	0.019	0.002	41.67	100.00	74.56	41.03	2.20	1.00	152.13	80.46
承德市	宽城满族自治县	重点生态功能区	76.44	16.10	2.11	156.15	1.51	0.422	0.27	0.005	0.005	100.00	100.00	76.27	53.43	1.15	0.59	126.67	71.81
承德市	隆化县	农产品主产区	33.36	37.41	0.19	23.59	1.14	0.593	0.12	0.007	0.001	79.17	100.00	58.84	37.61	0.72	0.67	163.10	84.02
承德市	平泉市	农产品主产区	42.50	21.15	0.14	9.83	0.88	0.557	0.11	0.002	0.001	70.83	100.00	71.40	40.74	0.00	0.81	153.47	73.59
承德市	双滦区	重点开发区	61.13	18.86	0.78	23.80	0.92	0.507	0.08	0.008	0.001	83.33	100.00	69.34	37.99	0.00	0.78	137.57	75.12
承德市	双桥区	重点开发区	49.32	185.08	1.23	12.81	1.75	0.620	0.29	0.105	0.006	75.00	100.00	52.06	45.66	3.23	1.00	147.20	74.29
承德市	兴隆县	重点生态功能区	96.39	33.46	0.54	51.36	0.67	0.221	0.00	0.013	0.034	50.00	100.00	64.13	47.41	0.47	1.00	114.26	74.30
承德市	鹰手营子矿区	重点开发区	91.70	70.16	0.41	9.60	1.27	0.274	0.30	0.015	0.005	66.67	100.00	66.52	34.85	0.00	0.54	117.03	80.01
邯郸市	磁县	农产品主产区	91.94	41.82	6.66	98.50	0.13	0.223	0.34	0.027	0.005	91.66	100.00	52.52	34.02	4.58	0.47	116.89	36.39
衡水市	阜城县	农产品主产区	169.91	36.82	0.58	11.22	0.00	0.342	0.40	0.007	0.005	88.89	100.00	19.68	28.19	0.00	0.29	78.05	14.86
衡水市	饶阳县	农产品主产区	211.56	60.91	0.28	5.43	0.00	0.274	0.65	0.032	0.007	70.83	100.00	16.07	31.48	0.00	0.24	61.33	9.57
衡水市	武强县	农产品主产区	168.27	42.01	1.21	24.58	0.00	0.155	0.56	0.044	0.008	75.00	100.00	16.07	31.48	0.00	0.27	78.75	11.97
廊坊市	安次区	重点开发区	169.24	16.51	1.59	24.68	0.02	0.056	0.53	0.006	0.005	0.00	0.00	0.00	0.00	0.00	0.32	78.34	25.65
廊坊市	霸州市	重点开发区	180.97	7.08	2.83	34.89	0.03	0.066	0.63	0.007	0.006	20.00	100.00	0.00	0.00	0.00	0.00	73.42	21.47
廊坊市	三河市	重点开发区	198.69	7.06	1.49	13.71	0.04	0.076	0.09	0.003	0.006	100.00	100.00	63.06	45.00	0.00	0.27	66.29	25.12
秦皇岛市	北戴河新区	重点开发区	175.89	266.02	2.87	34.13	0.00	0.033	0.53	0.007	0.003	44.44	0.00	78.99	37.40	0.00	0.31	75.53	29.14

地级市	县区	主体功能区	水资源指数				排放强度指数					水环境质量指数		水生态质量指数				土地利用指数	
							农业		废水										
			A_1	A_2	A_3	A_4	B_2	B_3	B_4	B_5	B_6	C_1	C_2	D_1	D_2	D_3	D_4	E_2	E_3
			%	t/万元	%	m²/人	kg/万元		kg/万元			%		%			/	/	%
秦皇岛市	昌黎县	重点开发区	154.73	14.57	4.89	115.24	0.06	0.233	0.30	0.014	0.017	0.00	0.00	68.29	37.16	3.08	0.31	84.68	17.73
秦皇岛市	抚宁区	重点生态功能区	146.20	51.74	2.84	78.31	0.00	0.085	0.11	0.001	0.001	91.67	100.00	62.80	28.23	2.61	0.36	88.57	0.00
秦皇岛市	海港区	重点开发区	145.45	17.51	1.18	12.41	0.06	0.160	0.54	0.179	0.022	100.00	100.00	66.18	44.55	2.71	0.38	88.92	31.85
秦皇岛市	卢龙县	农产品主产区	152.87	39.60	1.69	36.39	0.07	0.111	0.07	0.007	0.001	100.00	100.00	62.42	37.72	8.58	0.32	85.52	46.79
秦皇岛市	青龙满族自治县	重点生态功能区	83.53	98.49	1.29	78.78	0.04	0.120	0.10	0.006	0.007	100.00	100.00	72.17	48.90	0.00	0.57	122.06	65.65
秦皇岛市	山海关区	重点开发区	129.36	45.26	5.22	86.17	0.01	0.185	0.33	0.004	0.004	100.00	100.00	59.34	57.11	9.01	0.40	96.62	42.44
石家庄市	平山县	重点生态功能区	40.67	10.85	3.20	167.59	0.06	0.065	0.32	0.023	0.003	95.83	100.00	42.08	52.83	2.47	0.77	155.27	71.52
石家庄市	深泽县	农产品主产区	199.39	24.83	0.51	5.75	0.10	0.165	0.41	0.021	0.003	100.00	100.00	15.85	13.92	0.00	1.00	66.02	8.57
石家庄市	辛集市	重点开发区	221.02	6.54	0.29	4.37	0.10	0.174	0.45	0.028	0.003	33.33	0.00	0.00	0.00	0.00	0.21	57.78	5.15
石家庄市	赵县	农产品主产区	198.27	11.62	1.47	15.98	0.12	0.210	0.70	0.057	0.000	0.00	0.00	29.62	9.97	0.00	0.19	66.46	13.48
唐山市	丰南区	重点开发区	140.12	5.32	9.52	225.48	0.00	0.235	0.18	0.014	0.002	93.75	100.00	63.14	37.34	2.93	0.13	91.42	62.54
唐山市	乐亭县	重点开发区	172.97	13.97	9.42	296.08	0.00	0.189	0.14	0.011	0.002	33.33	100.00	71.94	66.93	0.00	0.28	76.75	70.81
唐山市	滦县	重点开发区	183.60	6.01	4.23	75.76	0.00	0.101	0.20	0.006	0.003	100.00	100.00	55.80	46.75	0.00	0.98	72.34	40.48
唐山市	迁西县	重点生态功能区	156.40	7.02	3.52	127.10	0.00	0.220	0.04	0.002	0.001	58.30	100.00	56.81	41.67	1.22	0.62	83.94	56.93
唐山市	玉田县	农产品主产区	168.61	10.68	2.32	38.48	0.00	0.104	0.37	0.016	0.004	25.00	100.00	24.45	24.98	2.19	0.28	78.60	24.09
唐山市	遵化市	重点开发区	200.65	8.38	1.63	32.46	0.00	0.104	0.08	0.006	0.001	100.00	100.00	34.77	22.19	11.68	0.27	65.53	33.85
邢台市	宁晋县	农产品主产区	203.43	14.40	10.50	171.04	4.03	3.193	5.69	1.497	0.090	69.44	50.00	36.43	59.82	19.31	0.26	97.95	18.98
邢台市	任县	农产品主产区	129.49	1.57	8.31	46.33	0.00	0.174	6.28	0.658	0.158	100.00	58.00	72.68	44.71	5.31	0.30	82.99	26.37
张家口市	怀安县	重点生态功能区	192.76	1.83	21.24	161.58	0.05	0.074	39.79	7.988	0.660	56.88	0.00	59.97	59.02	6.93	0.35	106.94	24.31
张家口市	怀来县	重点生态功能区	314.23	2.35	10.75	67.68	0.06	0.091	3.13	0.336	0.027	50.00	58.00	76.34	55.46	0.00	0.31	89.33	32.82
张家口市	涿鹿县	重点生态功能区	64.65	92.37	2.02	0.58	0.00	0.000	0.26	0.100	0.006	100.00	58.00	0.00	0.00	0.00	0.08	9.88	15.95
天津市	和平区	重点开发区	322.57	8.11	3.58	1.29	0.00	0.000	1.84	0.539	0.053	91.67	100.00	0.00	0.00	0.00	0.08	18.07	22.94
天津市	河东区	重点开发区	322.13	34.21	2.76	1.13	0.00	0.000	1.51	0.451	0.034	69.44	58.00	0.00	0.00	0.00	0.08	18.98	23.48

地级市	县区	主体功能区	水资源指数				排放强度指数						水环境质量指数		水生态质量指数				土地利用指数	
							农业		B_4	废水										
			A_1	A_2	A_3	A_4	B_2	B_3		B_5	B_6	C_1	C_2	D_1	D_2	D_3	D_4	E_2	E_3
			%	t/万元	%	m²/人	kg/万元			kg/万元		%	%	%				/	%
天津市	河西区	重点开发区	303.25	39.67	4.69	1.99	0.00	0.000	1.24	0.326	0.019	58.00	58.00	0.00	0.00	0.00	0.11	28.18	22.00
天津市	南开区	重点开发区	304.87	129.63	4.22	1.57	0.00	0.000	2.83	0.564	0.043	100.00	58.00	0.00	0.00	0.00	0.11	27.80	24.03
天津市	河北区	重点开发区	42.13	13.19	7.23	126.60	0.00	0.000	17.58	2.437	0.209	80.56	83.30	73.10	48.88	16.80	0.45	108.79	34.02
天津市	红桥区	重点开发区	396.32	2.18	12.86	60.76	0.00	0.000	10.34	1.338	0.175	100.00	100.00	73.74	59.25	0.00	0.30	93.80	28.59
天津市	东丽区	重点开发区	89.58	3.79	8.88	4.50	0.13	0.004	10.39	1.500	0.175	41.67	0.00	76.49	72.72	0.00	0.35	99.07	21.56
天津市	西青区	重点开发区	316.19	22.36	4.55	1.63	0.00	0.000	0.68	0.257	0.021	80.65	58.00	0.00	0.00	0.00	0.11	27.40	22.14
天津市	津南区	重点开发区	134.48	6.98	12.14	318.69	0.59	1.150	9.83	2.059	0.130	70.00	58.00	71.00	49.91	2.53	0.30	104.68	20.95
天津市	北辰区	重点开发区	153.15	5.88	8.39	110.41	0.57	0.425	4.52	0.792	0.042	100.00	100.00	67.72	36.64	24.91	0.32	92.72	21.72
天津市	武清区	重点开发区	266.41	3.00	15.71	105.43	0.00	0.000	6.35	0.574	0.036	50.00	100.00	82.84	40.55	0.00	0.32	93.88	29.18
天津市	宝坻区	重点开发区	180.81	8.76	0.82	10.46	0.20	0.245	0.13	0.003	0.002	58.33	100.00	27.63	13.60	9.50	0.00	73.48	6.59
天津市	滨海新区	重点开发区	190.40	69.26	0.54	6.07	0.21	0.336	0.18	0.005	0.003	75.00	100.00	30.27	9.73	11.08	0.24	69.58	6.48
天津市	宁河区	重点生态功能区	98.60	59.97	0.36	24.96	0.06	0.070	0.27	0.009	0.003	50.00	100.00	48.88	36.72	4.74	0.43	112.98	54.79
天津市	静海区	重点开发区	99.62	76.61	4.60	227.06	0.04	0.056	0.27	0.014	0.002	50.00	100.00	37.41	32.70	0.79	0.45	112.40	55.92
天津市	蓟州区	重点生态功能区	66.54	61.07	0.10	8.32	0.06	0.064	0.31	0.022	0.002	100.00	100.00	43.00	37.68	0.00	0.63	133.54	73.06

表 4-12 2018 年京津冀地区典型县区水环境承载力评估指标

地级市	县区	主体功能区	水资源指数				排放强度指数						水环境质量指数		水生态质量指数				土地利用指数	
							农业		B_4	废水										
			A_1	A_2	A_3	A_4	B_2	B_3		B_5	B_6	C_1	C_2	D_1	D_2	D_3	D_4	E_2	E_3
			%	t/万元	%	m²/人	kg/万元			kg/万元		%	%	%				/	%
保定市	安新县	农产品主产区	96.74	48.12	14.21	225.81	0.33	0.585	0.25	0.005	0.005	21.21	0.00	53.98	52.08	24.00	0.41	114.06	18.79
保定市	定兴县	农产品主产区	176.32	33.84	0.80	10.72	0.15	0.187	0.12	0.007	0.002	75.00	100.00	32.22	28.56	16.09	0.04	75.35	10.57
保定市	莲池区	重点开发区	261.59	14.20	0.83	2.06	0.14	0.171	0.55	0.022	0.002	100.00	100.00	58.54	29.64	0.00	0.18	43.41	14.02

地级市	县区	主体功能区	水资源指数				排放强度指数					水环境质量指数		水生态质量指数				土地利用指数	
							B_2	B_3	B_4 农业	B_5	B_6 废水								
			A_1	A_2	A_3	A_4						C_1	C_2	D_1	D_2	D_3	D_4	E_2	E_3
			%	t/万元	%	m²/人	kg/万元	kg/万元	kg/万元	kg/万元	kg/万元	%	%	%	%	/		/	%
保定市	唐县	重点生态功能区	87.02	55.43	2.27	58.31	0.07	0.103	0.00	0.000	0.000	44.17	100.00	42.33	39.08	8.12	0.24	119.88	56.57
沧州市	泊头市	农产品主产区	174.60	14.37	1.51	24.59	0.20	0.338	0.12	0.003	0.001	58.33	100.00	4.21	5.74	0.00	0.12	76.06	14.06
沧州市	黄骅市	重点开发区	121.92	14.49	12.16	399.45	0.03	0.085	0.48	0.008	0.004	33.33	100.00	53.99	38.42	0.00	0.34	100.36	17.42
承德市	承德县	重点生态功能区	44.24	43.17	0.25	23.56	0.75	0.420	0.27	0.009	0.002	25.00	100.00	73.81	40.52	6.76	1.00	151.81	80.33
承德市	宽城满族自治县	重点生态功能区	30.34	19.07	0.21	15.53	1.39	0.420	0.32	0.003	0.006	100.00	100.00	64.84	51.87	8.36	0.59	166.72	70.66
承德市	隆化县	农产品主产区	40.10	78.64	0.15	22.27	0.86	0.415	0.18	0.038	0.002	63.89	100.00	64.38	37.01	7.47	0.67	155.85	83.93
承德市	平泉县	农产品主产区	43.50	40.69	0.31	22.87	0.67	0.464	0.19	0.019	0.001	46.82	100.00	65.54	39.98	13.10	0.81	152.51	73.43
承德市	双滦区	重点开发区	61.89	17.69	0.78	22.14	0.99	0.679	0.14	0.005	0.001	100.00	100.00	69.18	37.30	5.38	0.78	136.99	74.80
承德市	双桥区	重点开发区	49.98	149.57	1.23	12.50	1.67	1.158	0.94	0.094	0.005	100.00	100.00	51.21	44.56	23.71	1.00	146.63	74.11
承德市	兴隆县	重点生态功能区	99.04	30.40	0.69	67.39	0.45	0.163	0.15	0.032	0.002	50.00	100.00	63.33	46.96	4.21	1.00	112.73	73.03
承德市	鹰手营子矿区	重点开发区	91.77	102.52	0.41	9.65	1.38	0.394	0.56	0.103	0.004	100.00	100.00	64.72	35.39	41.81	0.54	116.99	80.03
邯郸市	磁县	农产品主产区	92.00	49.58	6.78	108.54	0.20	0.280	0.33	0.026	0.005	100.00	100.00	61.09	36.75	9.18	0.47	116.85	36.87
衡水市	阜城县	农产品主产区	175.07	32.56	0.62	12.45	0.00	0.432	0.42	0.072	0.001	54.55	100.00	0.00	0.00	0.00	0.29	75.87	16.41
衡水市	饶阳县	农产品主产区	212.97	49.23	0.29	5.89	0.00	0.315	0.51	0.025	0.006	58.33	0.00	19.56	27.89	0.00	0.24	60.80	9.50
衡水市	武强县	农产品主产区	167.91	36.30	1.38	28.17	0.00	0.173	1.96	0.087	0.038	90.00	100.00	15.69	32.20	58.63	0.27	78.91	11.84
廊坊市	安次区	重点开发区	163.88	16.29	1.63	23.70	0.02	0.033	0.33	0.002	0.004	28.57	0.00	0.00	0.00	4.19	0.32	80.65	26.82
廊坊市	霸州市	重点开发区	187.12	6.93	2.82	34.65	0.02	0.025	0.48	0.005	0.003	20.00	0.00	0.00	0.00	0.00	0.00	70.90	21.84
廊坊市	三河市	重点开发区	206.62	6.65	1.55	13.56	0.07	0.128	0.06	0.001	0.001	66.67	100.00	63.04	66.76	24.81	0.27	63.22	29.38
秦皇岛市	北戴河新区	重点开发区	177.84	237.34	2.87	26.71	0.00	0.025	0.41	0.014	0.002	44.44	0.00	78.37	37.17	14.10	0.31	74.71	28.92
秦皇岛市	昌黎县	重点开发区	159.16	13.76	4.90	110.13	0.06	0.237	0.51	0.009	0.005	22.22	0.00	64.72	33.92	16.55	0.31	82.72	17.49
秦皇岛市	抚宁区	重点生态功能区	147.59	50.57	2.86	85.43	0.00	0.068	0.08	0.001	0.001	70.00	100.00	62.65	27.95	20.83	0.36	87.93	31.66
秦皇岛市	海港区	重点开发区	147.67	16.25	1.20	11.75	0.03	0.100	0.37	0.208	0.002	0.00	0.00	64.75	44.05	26.22	0.38	87.89	46.42
秦皇岛市	卢龙县	农产品主产区	152.18	47.51	1.69	40.11	0.07	0.105	0.04	0.003	0.000	100.00	50.00	59.68	35.44	39.95	0.32	85.84	21.79

地级市	县区	主体功能区	水资源指数 A1 %	水资源指数 A2 t/万元	水资源指数 A3 %	水资源指数 A4 m²/人	排放强度指数 农业 B2 kg/万元	B3 kg/万元	废水 B4 kg/万元	B5 kg/万元	B6 kg/万元	水环境质量指数 C1 %	C2 %	水生态质量指数 D1 %	D2 %	D3	D4	土地利用指数 E2 /	E3 %
秦皇岛市	青龙满族自治县	重点生态功能区	85.06	38.43	1.29	89.56	0.04	0.103	0.06	0.009	0.001	100.00	100.00	71.34	48.24	3.92	0.57	121.10	65.04
秦皇岛市	山海关区	重点开发区	135.63	45.64	4.63	59.61	0.01	0.142	0.45	0.007	0.004	51.95	0.00	62.02	58.58	29.96	0.40	93.56	42.08
石家庄市	平山县	重点生态功能区	40.99	10.30	3.20	188.87	0.21	0.295	0.10	0.015	0.002	91.29	100.00	42.82	52.92	4.94	0.77	154.96	71.38
石家庄市	深泽县	农产品主产区	199.64	48.32	0.53	6.20	0.14	0.164	0.41	0.011	0.001	83.33	100.00	16.10	13.77	5.04	1.00	65.92	8.59
石家庄市	辛集市	重点开发区	217.46	6.38	0.30	4.51	0.12	0.185	0.41	0.006	0.002	100.00	100.00	0.00	0.00	0.00	0.21	59.11	5.17
石家庄市	赵县	农产品主产区	234.74	30.14	0.14	1.60	0.21	0.295	1.03	0.066	0.001	33.33	0.00	10.64	9.99	49.91	0.19	52.78	3.27
唐山市	丰南区	重点开发区	140.00	6.24	9.43	216.07	0.00	0.249	0.06	0.007	0.001	100.00	100.00	64.22	37.77	36.09	0.13	91.47	14.48
唐山市	乐亭县	重点开发区	175.42	11.74	9.35	291.65	0.00	0.224	0.09	0.001	0.002	100.00	100.00	73.92	68.14	0.00	0.28	75.72	11.91
唐山市	滦县	重点开发区	168.37	19.41	1.59	28.71	0.00	0.109	0.19	0.000	0.003	100.00	100.00	64.85	45.56	28.72	0.98	78.71	19.64
唐山市	迁西县	重点生态功能区	157.11	9.01	3.68	127.29	0.00	0.077	0.03	0.001	0.001	27.27	100.00	52.67	41.37	26.36	0.62	83.62	34.74
唐山市	玉田县	农产品主产区	170.11	15.42	2.32	37.98	0.00	0.127	0.35	0.010	0.013	36.36	0.00	23.32	24.47	23.01	0.28	77.97	12.37
唐山市	遵化市	重点开发区	202.73	11.30	1.66	32.27	0.00	0.100	0.06	0.001	0.000	91.67	100.00	32.62	21.71	28.24	0.27	64.72	22.39
邢台市	宁晋县	农产品主产区	182.16	8.48	0.82	11.52	0.12	0.144	0.08	0.002	0.002	33.33	100.00	27.19	12.98	50.65	0.00	72.93	6.28
邢台市	任县	农产品主产区	190.73	84.36	0.58	7.41	0.07	0.099	0.19	0.011	0.003	100.00	100.00	30.12	9.56	34.08	0.24	69.45	6.48
张家口市	怀安县	重点生态功能区	99.69	42.41	0.36	29.88	0.17	0.195	0.17	0.004	0.003	41.67	100.00	48.47	36.52	45.37	0.43	112.35	54.32
张家口市	怀来县	重点生态功能区	102.12	46.90	4.59	223.43	0.10	0.149	0.27	0.008	0.002	66.67	100.00	43.23	40.09	5.54	0.45	110.97	56.68
张家口市	涿鹿县	重点生态功能区	68.22	52.80	0.11	8.91	0.09	0.102	0.30	0.014	0.000	100.00	100.00	41.73	37.49	47.55	0.63	132.34	72.91

4.3　承载力分区

不同区域社会经济发展水平、资源开发利用强度、开发利用方式和承载的主要功能不同。水环境承载状态受水资源、土地利用、水生态和污染排放等因素的影响，具有显著的地域分异特征。因此，水环境承载力评价必须体现区域特征，需结合各区域的区域特征进行分区。

4.3.1　主体功能区

4.3.1.1　主体功能区内涵

主体功能区指基于不同区域的资源环境承载能力、现有开发密度和发展潜力等，将特定区域确定为特定主体功能定位类型的一种空间单元。主体功能是由自身资源环境条件、社会经济基础所决定的，也是更高层级的区域所赋予的。主体功能不同，区域类型就会有差异。大致可分为以提供工业品和服务产品为主体功能的城市化地区，以提供农产品为主体功能的农业地区，以提供生态产品为主体功能的生态地区等。

4.3.1.2　主体功能区划

主体功能区划是指在对不同区域的资源环境承载能力、现有开发密度和发展潜力等要素进行综合分析的基础上，以自然环境要素、社会经济发展水平、生态系统特征以及人类活动形式的空间分异为依据，划分出具有某种特定主体功能的地域空间单元。划分主体功能区主要应考虑自然生态状况、水土资源承载能力、区位特征、环境容量、现有开发密度、经济结构特征、人口集聚状况、参与国际分工的程度等多种因素。

4.3.1.3　主体功能区划类型

全国主体功能区划正是以县域为单元，基于全国不同区域的资源环境承载能力、现有开发强度和未来发展潜力，统筹考虑国家、各省（区、市）经济发展战略布局，以是否适宜大规模高强度工业化城镇化开发为基准，将全国国土空间进行分区的国家战略。按开发方式划分，国土空间划分为优化开发、重点开发、限制开发和禁止开发四大功能区域；按开发内容划分，则分为城市化地区、农产品主产区和重点生态功能区；按层级划分，则分为国家和省级两个层面。四大主体功能区特征见表4-13。

表4-13 四大主体功能区特征

开发方式	开发内容	功能定位	资源环境特征	提供的主要产品
优化开发区	城市化地区	经济持续发展和人口聚集的核心区域；需要转变传统工业化和城镇化模式，改善生态环境质量、减轻资源环境压力的区域	资源环境承载能力开始减弱，需要显著改善生态环境质量、减轻资源环境压力	提供工业品和服务产品
重点开发区	城市化地区	工业化、城镇化和承接限制开发区和禁止开发区人口转移的重点区域	资源环境承载力较强	提供工业品和服务产品
限制开发区	农产品主产区；重点生态功能区	需要加强生态修复，耕地和环境保护，引导超载人口逐步有序转移	资源环境承载力较弱或生态环境恶化问题严峻，或具有较高生态功能价值和食物安全意义的区域	提供农产品或生态产品
禁止开发区	重点生态功能区	需要实行强制保护、禁止一切对自然生态的人为干扰	依法设立的自然保护区、历史文化遗产、重点风景区、重要水源地等区域	提供生态产品

4.3.1.4 主体功能区划意义

主体功能区是促进区域协调发展、实现人口与经济合理分布的有效途径，是实现可持续发展、提高资源利用率的迫切需求，是坚持以人为本、实现公共服务均等化的必然要求，是提高区域调控水平、增强区域宏观调控有效性的重要措施。我国主体功能区划的意义主要表现在以下几点：一是有利于调整产业布局；二是有利于建立完善的财政和投资政；三是有利于建立完善的土地和人口管理政策；四是有利于建立绩效评价和政绩考核新机制。

4.3.2 京津冀典型县区水环境承载力因子分异特征

应用典型关联分析（CCA）[130, 131]，对典型县区水环境承载力影响因子进行分析，揭示县区承载力分异特征。

4.3.2.1 河北北部典型县区

河北北部包括张家口市、承德市、秦皇岛市和唐山市，其中张家口市涉及怀安县、怀来县和涿鹿县；承德市涉及承德县、宽城满族自治县、隆化县、平泉县、双滦区、双桥区、兴隆县、鹰手营子矿区；秦皇岛市涉及北戴河区、昌黎县、抚宁区、海港区、卢龙县、青龙满族自治县、山海关区；唐山市涉及丰南区、乐亭县、滦县、迁西县、玉田县、遵化市。

河北省北部典型县区水环境承载力影响因子典型关联分析结构如图 4-10 所示。典型区县明显分为 3 类，第 1 类包括玉田县、卢龙县及隆化县等；第 2 类包括抚宁区、宽城满族自治县、兴隆县、承德县、双滦区、逐鹿县、怀安县及迁西县；第 3 类包括昌黎县、海港区、北戴河新区、乐亭县、山海关区、丰南区、滦县、鹰手营矿区及双桥区。第 1 类为农产品主产区，第 2 类为重点生态功能区，第 3 类为优化开发区和重点开发区。

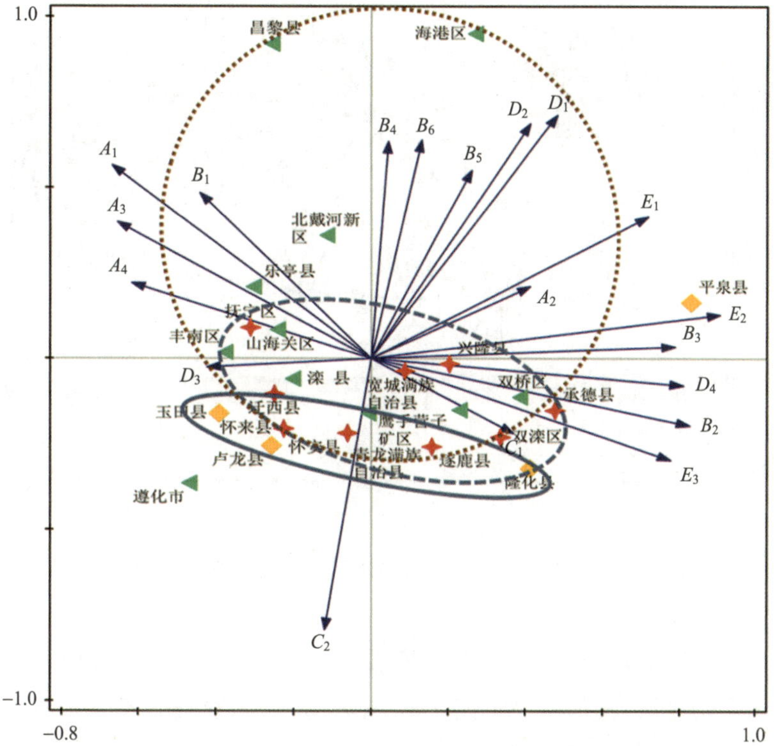

图 4-10　河北省北部典型县区水环境承载力影响因子典型关联分析结构

4.3.2.2　河北南部典型县区

河北省南部包括石家庄市、廊坊市、衡水市、邢台市、沧州市、邯郸市和保定市，其中，石家庄市涉及平山县、深泽县、辛集市和赵县；廊坊市涉及安次区、霸州市和三河市；衡水市涉及阜城县、饶阳县和武强县；邢台市涉及宁晋县和任县；沧州市涉及泊头市、黄骅市；邯郸市涉及磁县；保定市涉及安新县、定兴县、莲池区和唐县。

河北省南部典型县区水环境承载力影响因子典型关联分析结构如图 4-11 所示。典型区县明显分为 3 类，第 1 类包括莲池区、辛集市、宁晋县、霸州市、三河市和黄骅市，分布在 x 轴上部；第 2 类包括任县、逐鹿县、怀安县和怀来县，主要分布在 x 轴的下部；

第 3 类为其他县区，主要分布在 x 轴附近。依据主体功能区划，第 1 类县区为优化开发区和重点开发区，第 2 类为重点生态功能区，第 3 类为农产品主产区。

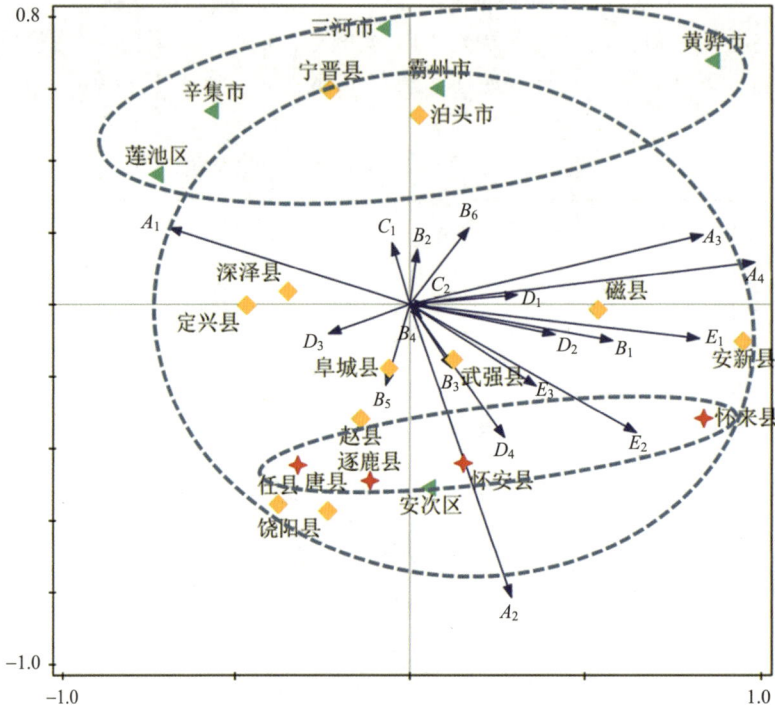

图 4-11　河北省南部典型县区水环境承载力影响因子典型关联分析结构

　　影响优化开发区重点开发区主要因子主要有水资源开发利用率、万元工业增加值用水量、废水污染物排放强度等，影响重点生态功能区主要因子包括生态基流保障率、水质净化指数等，农产品主产区的影响因素包括农业污染物排放强度、工业污染排放强度及水生态指数等。

4.3.2.3　天津典型县区

　　天津市涉及和平区、河东区、河西区、南开、河北区、红桥区、东丽区、西青区、津南区、北辰区、武清区、宝坻区、滨海新区、宁河区、静海区和蓟州区。

　　天津市典型县区水环境承载力影响因子典型关联分析结构如图 4-12 所示。典型区县明显分为 2 类，第 1 类包括宁河区和冀州区；第 2 类包括和平区、河东区、河西区、南开、河北区、红桥区、东丽区、西青区、津南区、北辰区、武清区、宝坻区、滨海新区和静海区。其中，第 1 类为重点生态功能区，第 2 类为优化开发区和重点开发区。

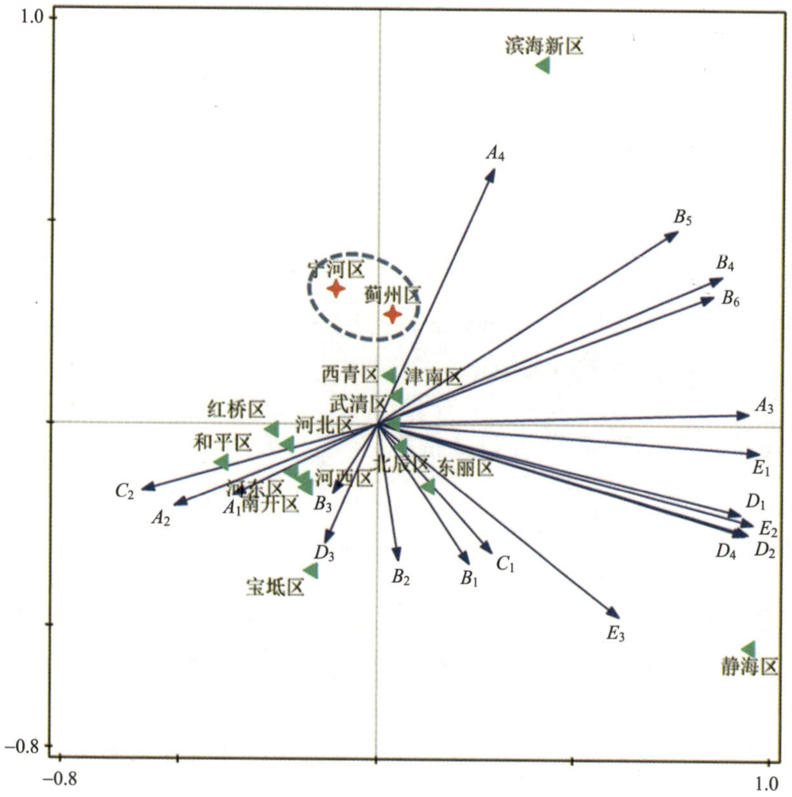

图 4-12　天津市典型县区水环境承载力影响因子典型关联分析结构

　　天津市优化开发区和重点开发区水环境承载力主要影响因素包括水环境质量指数、水资源开发利用率、万元工业增加值用水量、废水污染物排放强度和城镇绿地面积占比等，而重点生态功能区主要影响因素有人均水域面积占比和农业污染物排放强度。

4.3.3　水环境承载力分区

　　基于河北省和天津市典型县区水环境承载力影响因子分区特征，典型县区明显分为3类，与主体功能区吻合。因此，根据不同区域的主体功能区开发方式、开发内容、功能定位、资源环境特征及提供的主要产品等，将区域水环境承载力划分为重点开发区（优化开发区和重点开发区）、农产品主产区和重点生态功能区，并分别对水环境承载力评价指标权重进行计算，从而进一步提高水环境承载力评价的科学性和准确性。

4.4 评估指标标准化

4.4.1 评价指标分级标准确定原则

1）已有国家分级标准的指标，参照相关要求执行。

2）无国家标准但有地方标准的指标，可参考地方标准执行，并提供分级依据。

3）无国家标准和地方标准的指标，可结合指标的统计学分布特征或参考已有科学研究成果，结合专家咨询划定分级标准。

4.4.2 水环境承载力评估等级划分依据

4.4.2.1 数据正态分布处理

正态分布（normal distribution）又名高斯分布（Gaussian distribution）[132]，是一个在数学、物理及工程等领域都非常重要的概率分布，在统计学的许多方面有着重大的影响力。正态分布是许多统计方法的理论基础。检验、方差分析、相关和回归分析等多种统计方法均要求分析的指标服从正态分布。对计算获取的水环境承载力指标做定性直观 Q-Q 与 P-P 图和直方图，然后定量非参数检验中的 K-S 检验，描述性分析菜单里的峰度与偏度系数。对于非正态分布的数据，采用对数、平方根、平方根反正弦或倒数变换，进行数据正态分布校正。

4.4.2.2 数据正态分布特征

（1）整体论

正态分布是应用整体的观点来看事物。正态分布曲线及面积分布图由基区、负区、正区三个区组成，各区比重不一样（图 4-13）。在分析各部分、各层次的基础上，要从整体看事物。要看到主要方面，还要看到次要方面，既要看到积极的方面还要看到事物消极的一面，看到事物前进的一面，还要看到落后的一面。

（2）重点论

如图 4-13 所示，正态分布曲线及面积分布图非常清晰的展示了重点，那就是基区占 68.27%，是主体，要重点抓，此外 95%，99%则展示了正态的全面性。在研究复杂事物的发展过程时，要着重地把握它的主要矛盾；在研究任何一种矛盾时，要着重地把握它的主要方面。

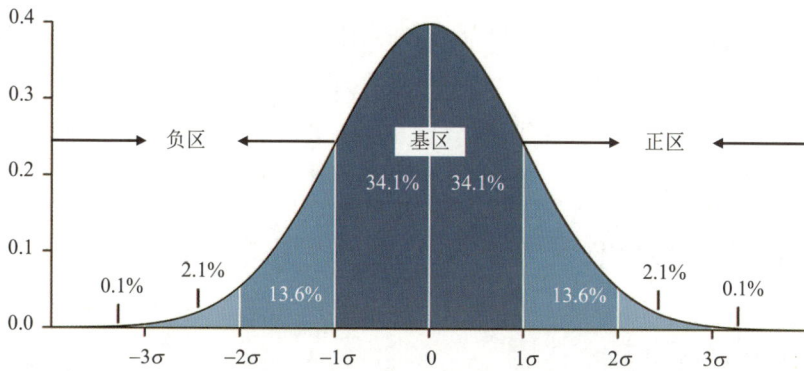

图 4-13　正态分布曲线及面积分布

（3）发展论

联系和发展是事物发展变化的基本规律。任何事物都有其产生、发展和灭亡的历史，如果把正态分布看作任何一个系统或事务的开展过程，可以明显看到这个过程经历着从负区到基本区再到正区的发展过程。无论是自然、社会还是人类的思维都明显的遵循这样一个过程。开展的阶段不同，性质和特征也不同，分析和解决问题的方法要与此相适应。

4.4.2.3　五分位法

基于正态分布的整体论、重点论和发展论的特征，依据抓两头促中间原则，采用 16%、37%、63% 和 84% 概率设置，分成 5 个区（图 4-14），其中，37%～63% 为主体区，16%～37% 与 63%～84% 为重点区，0～16% 与 84%～100% 为基本区。

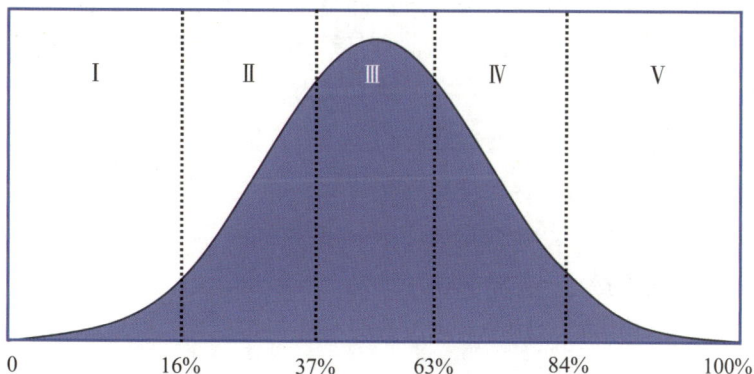

图 4-14　水环境承载力指数分区

结合五分位法（16/37/63/84），将水环境承载力指标频数计算，分别得到累积频数达16%，37%、63% 和 84% 时的指标大小，以这四个值作为 Ⅰ、Ⅱ、Ⅲ、Ⅳ 与 Ⅴ 的挡位点，并以[0～16%）作为该指标的Ⅰ区间，以（16%，37%]作为该指标的Ⅱ区间，以（37%，63%]作为该指标的Ⅲ区间，以（63%，84%]作为该指标的Ⅳ区间，以（84%，100%]作为该指标的Ⅴ区间。给相应的挡位区间赋予相应的挡位分值，Ⅰ区间赋予分值0～0.2分，Ⅱ区间赋予分值0.2～0.4分，Ⅲ区间赋予分值0.4～0.6分，Ⅳ区间赋予分值0.6～0.8分，Ⅴ区间赋予分值0.8～1.0分。

4.4.3 评价指标分级标准

4.4.3.1 评价指标分级依据

1）水资源开发利用率：《流域生态健康评估技术指南》，环境保护部自然生态保护司，2013年3月。

2）万元工业GDP用水量：结合水利部门划定的"三条红线"和数据统计学分布特征。

3）水域面积指数：结合数据统计学分布特征。

4）人均水域面积：结合数据统计学分布特征。

5）农业NH_3-N排放强度：结合数据统计学分布特征。

6）农业TP排放强度：结合数据统计学分布特征。

7）废水COD排放强度：结合数据统计学分布特征。

8）废水NH_3-N排放强度：结合数据统计学分布特征。

9）废水TP排放强度：结合数据统计学分布特征。

10）水质时间达标率：结合专家咨询和数据统计学分布特征。

11）水质空间达标率：结合专家咨询和数据统计学分布特征。

12）植被覆盖岸线比：《流域生态健康评估技术指南》，环境保护部自然生态保护司，2013年3月。

13）岸边林草带覆盖率：结合数据统计学分布特征。

14）河流连通性：结合数据统计学分布特征。

15）生态基流保障率：结合数据统计学分布特征。

16）水质净化功能指数：结合数据统计学分布特征。

17）城镇绿地面积占比：结合数据统计学分布特征。

4.4.3.2 评价指标分级结果

评价指标分级标准及结果见表4-14。

表 4-14 评价指标分级标准及结果

专项指标	评估指标		单位	指标等级与赋分				
				一级	二级	三级	四级	五级
				0～0.2	0.2～0.4	0.4～0.6	0.6～0.8	0.8～1
水资源指数（A）	水资源开发利用率（A_1）		%	>60（80）	60～45	45～35	35～20	<20
	万元工业增加值用水量（A_2）		m³/万元	>70	70～40	40～15	15～10	<10
	水域面积占比（A_3）		%	<0.5	0.5～1	1～2	2～4	>4
	人均水域面积（A_4）		m²/人	<20	20～40	40～100	100～200	>200
排放强度指数（B）	农业污染物排放强度	农业 NH₃-N 排放强度（B_1）	kg/万元	>1	0.2～1	0.1～0.2	0.02～0.1	<0.02
		农业 TP 排放强度（B_2）		>0.4	0.3～0.4	0.2～0.3	0.1～0.2	0～0.1
	废水污染物排放强度	废水 COD 排放强度（B_3）	kg/万元	>0.4	0.3～0.4	0.2～0.3	0.1～0.2	0～0.1
		废水 NH₃-N 排放强度（B_4）		>0.2	0.1～0.2	0.05～0.1	0.01～0.05	0～0.01
		废水 TP 排放强度（B_5）		>0.008	0.006～0.008	0.004～0.006	0.002～0.004	0～0.002
水环境质量指数（C）	水质时间达标率（C_1）		%	<60	60～70	70～80	80～90	90～100
	水质空间达标率（C_2）		%	<60	60～70	70～80	80～90	90～100
水生态指数（D）	植被覆盖岸线比（D_1）		%	<20	20～40	40～60	60～80	80～100
	岸边林草带覆盖率（D_2）		%	<20	20～40	40～60	60～80	80～100
	河流连通性（D_3）		—	<99.97	99.97～99.8	99.98～99.99	99.99～99.998	>99.998
	生态基流保障率（D_4）		—	0～0.2	0.2～0.4	0.4～0.6	0.6～0.8	0.8～1.0
土地利用指数（E）	水质净化功能指数（E_2）		—	<10	10～75	75～115	115～150	>150
	城镇绿地面积占比（E_3）		%	<10	10～25	25～40	40～55	>55

注："—"表示指标为常数，无量纲。

4.4.4 评估指标分级赋分方法

根据评估指标原始数据和等级划分标准，确定评估指标类型，运用公式计算得到评估指标的分值。评估指标分值均在 0～1。

4.4.4.1 对于越大越好型指标

1）分段指标：$V_i = V_{il} + \dfrac{V_{ih} - V_{il}}{I_{ih} - I_{il}} \times (I_i - I_{il})$，$I_i \in (I_{il}, I_{ih})$

2）无上限指标：$V_i = 0.8 + \dfrac{I_i - I_{il}}{I_{il}} \times 0.1$，$I_i \in (I_{il}, +\infty)$

当 $V_i > 1$ 时，取 1 作为 V_i 值。

4.4.4.2 对于越小越好型指标

1）分段指标：$V_i = V_{il} + \dfrac{V_{ih} - V_{il}}{I_{ih} - I_{il}} \times (I_{ih} - I_i)$，$I_i \in (I_{il}, I_{ih})$

2）无上限指标：$V_i = 0.2 - \dfrac{I_i - I_{il}}{I_{il}} \times 0.1$，$I_i \in (I_{il}, +\infty)$

当 $V_i < 0$ 时，取 0 作为 V_i 值。

式中，V_i 代表评估指标 i 的分值；V_{il} 为评估指标 i 所在类别标准下限分值；V_{ih} 为评估指标 i 所在类别标准上限分值；I_i 为评估指标 i 原始数据，I_{il} 为原始数据 I_i 所在分级的下限；I_{ih} 为原始数据 I_i 所在分级的上限。

4.5 多目标优化的评估指标权重

4.5.1 多目标优化

多目标最优化[133-135]是研究在某种意义下多个数值目标的同时最优化问题，是最优化领域的一个重要的研究方向，因为科学研究和工程实践中许多优化问题都可归结为一个多目标优化问题。绝大多数多目标优化是将多个目标通过某种技术转换为一个目标的优化问题，常见的多目标优化方法见表 4-15。

表 4-15　常见的多目标优化方法

方法	定义	优点	缺点
加权求和	根据各个目标的重要程度分别乘以不同的权重系数然后相加构造出一个新的单目标函数	计算简单易懂，包含全部原始数据指标变量	权重系数的设置较为困难
约束法	约束法又称主要目标法，指决策者根据需求，确定一个目标位的主要目标，其他目标作为次要目标，并根据经验选取一定的界限值，也作为约束条件来处理	多目标问题转化为单目标函数	确定界限值难度大，目标函数转化为约束条件时需要不断试探
最值法	最小/最大法起源于博弈论法，是为求解有冲突的目标函数而设计的	简单、易于实现、效率高	求得多目标问题的一部分最优解，而不能求得全局最优解
多目标遗传算法	一类模拟自然生物进化过程与机制求解问题的自组织与自适应的人工智能技术，一种借鉴生物界自然选择和自然遗传机制的随机的搜索算法	具有适应性和通用性、隐并行性、扩展性这三个独特的特点	参数设置难度大，计算量相对于传统方法要大的多

基于加权求和、约束法、最值法和多目标遗传算法的优缺点对比分析，约束法的界限值确定难度大，不能保证多目标转化单目标的准确性；最值法虽然具有简单、易于实现、效率高等优点，但是多目标问题只是解决一部分最优解；多目标遗传算法的参数设置难度大，并且计算量大；尽管加权求和的评价指标权重系数的设置较为困难，但可以应用多种求解评价指标权重法计算评价指标权重，并进行对比优选，确定评价指标的权重。

根据计算权重时原始数据来源的不同，权重的确定方法大体上可分为主观赋权法和客观赋权法两大类。主观赋权法主要是由专家根据经验主观判断得到，如古林法、德尔菲法、层次分析法等，这种方法研究较早，也较为成熟，但客观性较差。客观赋权法的原始数据是由各指标在评价单位中的实际数据形成，它不依赖于人的主观判断，因而客观性较强，如主成分分析法、均方差法等。因此，本研究应用层次分析、主成分分析以及基于层次分析与主成分分析结合的综合法，计算评价指标权重。

4.5.2　层次分析

美国的著名运筹学家 T.L.Saayt 教授在 20 世纪 70 年代率先提出了层次分析法。层次分析法是根据问题的性质和要达到的总目标，将问题分解为不同的组成因素，并按照因素间的相互关联影响以及隶属关系将因素按不同层次聚集组合，形成一个多层次的分析结构模型，从而最终使问题归结为最低层（供决策的方案、措施等）相对于最高层（总目标）的相对重要权值的确定或相对优劣次序的排定，并在此基础上进行定性分析与定量分析的一种决策方法[136, 137]。层次分析法的显著特点就是灵活、简洁、系统性强。因此，本研究应用层次分析法计算评估指标主观权重。

4.5.2.1　建立层次结构模型

将决策的目标、考虑的因素（决策准则）和决策对象按它们之间的相互关系分为最高层、中间层和最低层，并绘出层次结构图。最高层是指决策的目的、要解决的问题。中间层是指考虑的因素、决策的准则。最低层是指决策时的备选方案。对于相邻的两层，称高层为目标层，低层为因素层。

4.5.2.2　构造判断（成对比较）矩阵

构造下一层对上一层的判断矩阵，该矩阵是互反矩阵，因素 A_i 与 A_j 比较，所得判断矩阵为 $A=(a_{ij})_{nn}$，矩阵元素一般满足：$a_{ij}=1/a_{ij}$（$a_{ij}>0$，$a_{ij}=1$），判断矩阵是以上一级的某一要素作为判断准则，针对本级要素进行两两比较来确定矩阵的元素（一般可利用专家会议法）。为了将这类比较的结果作定量化描述，可采用相对尺度，通常使用 1～9 级标度（表 4-16）针对指标 A 的两个因素 A_i 与 A_j 进行比较，给判断矩阵的元素赋值。

表 4-16　1～9 级相对重要性标度说明

标度	说明
1	表示两个因素相比，一样重要
3	一个因素比另一个较重要
5	一个因素比另一个很重要
7	一个因素比另一个非常重要
9	一个因素比另一个极重要
2、4、6、8	表示上述相邻标度的中间值

4.5.2.3　单层单权重和一致性检验

单层权重确定是根据判断矩阵，计算对于上一层某因素而言，本层次与之有联系的因素之间的重要性权值，它可以归结为计算判断矩阵的特征值和特征向量问题，即对判断矩阵 $A=(a_{ij})_{nn}$ 计算最大特征根 λ_{max} 和特征向量 $W=(W_1，W_2，\cdots，W_n)^T$，$\lambda_{max}=\sum_{i=1}^{n}(AW_i)/nW_i$（$n$ 为判断矩阵的维数）。

为了检验判断矩阵的一致性，需要计算它的一致性指标 C.I.，定义 $C.I.=\dfrac{\lambda_{max}-n}{n-1}$。当 C.I.=0 时，判断矩阵具有完全一致性。$\lambda_{max}-n$ 越大，C.I. 就越大，判断矩阵的一致性就越差，以下各矩阵的检验均据此类推。

利用同一层次中所有层次单排序的结果，可以计算出针对上一层次的本层次所有因素重要性的权值。层次总排序需要从上到下逐层进行，并得出总结果。

4.5.2.4　相对重要性标度范围

水环境承载力评价指标体系包括水资源指数、排放强度指数、水环境质量指数、水生态指数和土地利用等 5 个专项指标。重点开发区属于城市化地区，污染物排放对水环境的压力较大，排放强度指数和水环境质量指数对水环境承载力贡献度较大，专项指标的相对重要性标度范围见表 4-17。在农产品主产区，应限制进行大规模高强度工业化城镇化开发，增强农业综合生产能力，专项指标的相对重要性标度范围见表 4-18。在重点生态功能区，应限制进行大规模高强度工业化城镇化开发，增强生态产品生产能力，水环境质量指数和水生态指数、土地利用对水环境承载力贡献度较大，专项指标的相对重要性标度范围见表 4-19。对于分项指标和评价指标的相对重要性标度，各地区应结合区域实际情况进行确定，构建判断矩阵。

表 4-17 重点开发区 1～9 级相对重要性标度说明

专项指标	水资源	排放强度	水环境	水生态	土地利用
水资源	1	1/7～1/5	1/7～1/5	1～3	1～3
排放强度	5～7	1	1～3	7～9	4～6
水环境	5-7	1/3～1	1	7～9	4～6
水生态	1/3～1	1/9～1/7	1/9～1/7	1	1/3～1
土地利用	1/3～1	1/6～1/4	1/6～1/4	1～3	1

表 4-18 农产品主产区 1～9 级相对重要性标度说明

专项指标	水资源	排放强度	水环境	水生态	土地利用
水资源	1	1～3	5～7	7～9	3～5
排放强度	1/3～1	1	3～5	7～9	3～5
水环境	1/7～1/5	1/5～1/3	1	1～3	1～3
水生态	1/9～1/7	1/9～1/7	1/3～1	1	1/5～1/3
土地利用	1/5～1/3	1/5～1/3	1/3～1	3～5	1

表 4-19 重点生态功能区 1～9 级相对重要性标度说明

专项指标	水资源	排放强度	水环境	水生态	土地利用
水资源	1	1～3	1/5～1/3	1/7～1/5	1/7～1/5
排放强度	1/3～1	1	1/7～1/5	1/9～1/7	1/9～1/7
水环境	3～5	5～7	1	1～3	3～5
水生态	5～7	7～9	1/3～1	1	1/3～1
土地利用	5～7	7～9	1/5～1/3	1～3	1

4.5.2.5 京津冀地区县区水环境承载力评估指标的主观权重

依据专家咨询得出的判断矩阵，利用 MATLAB 2018b 求出京津冀地区重点开发区、农产品主产区和重点生态功能区的各指标权重（表 4-20～表 4-22）。

表 4-20 京津冀重点开发区层次分析法水环境承载力权重

专项指标		评估指标			权重
水资源	0.099 8	水资源开发利用率			0.219 3
		万元工业增加值耗水量			0.488 6
		水域面积占比			0.112 5
		人均水域面积			0.179 7
排放强度	0.466 7	农业排放强度	0.142 9	农业 NH₃-N 排放强度	0.076 3
				农业 TP 排放强度	0.050 6
		废水排放强度	0.857 1	废水 COD 排放强度	0.427 1
				废水 NH₃-N 排放强度	0.272 8
				废水 TP 排放强度	0.173 2

专项指标		评估指标	权重
水环境	0.317 9	水质时间达标率	0.5
		水质空间达标率	0.5
水生态	0.041 9	植被覆盖岸线比	0.195 9
		岸边林草带覆盖率	0.215 8
		河流连通性	0.107 9
		生态基流保障率	0.480 4
土地利用	0.073 8	水质净化功能指数	0.25
		城镇绿地占比	0.75

表 4-21 京津冀农业主产区层次分析法水环境承载力权重

专项指标		评估指标			权重
水资源	0.480 9	水资源开发利用率			0.226
		万元工业增加值耗水量			0.083 1
		水域面积占比			0.521 3
		人均水域面积			0.169 7
排放强度	0.295 4	农业排放强度	0.8	农业 NH_3-N 排放强度	0.316 8
				农业 TP 排放强度	0.316 8
		废水排放强度	0.2	废水 COD 排放强度	0.182 7
				废水 NH_3-N 排放强度	0.120 4
				废水 TP 排放强度	0.063 4
水环境	0.103 4	水质时间达标率			0.500 0
		水质空间达标率			0.500 0
水生态	0.038 3	植被覆盖岸线比			0.141 1
		岸边林草带覆盖率			0.141 1
		河流连通性			0.388
		生态基流保障率			0.329 8
土地利用	0.082	水质净化功能指数			0.75
		城镇绿地占比			0.25

表 4-22 京津冀重点生态功能区层次分析法水环境承载力权重

专项指标		评估指标			权重
水资源	0.067	水资源开发利用率			0.104 1
		万元工业增加值耗水量			0.071 5
		水域面积占比			0.370 3
		人均水域面积			0.454 1
排放强度	0.037 5	农业排放强度	0.666 7	农业 NH_3-N 排放强度	0.247 5
				农业 TP 排放强度	0.182 1
		废水排放强度	0.333	废水 COD 排放强度	0.247 5
				废水 NH_3-N 排放强度	0.230 2
				废水 TP 排放强度	0.092 7

专项指标		评估指标	权重
水环境	0.399 6	水质时间达标率	0.5
		水质空间达标率	0.5
水生态	0.283	植被覆盖岸线比	0.158 4
		岸边林草带覆盖率	0.165 2
		河流连通性	0.110 9
		生态基流保障率	0.565 5
土地利用	0.212 9	水质净化功能指数	0.833 3
		城镇绿地占比	0.166 7

4.5.3　主成分分析

主成分分析（PCA）是一种数据分析的技术，主要思想是将高维数据投影到较低维空间，提取多元事物的主要因素，揭示其本质特征。它是一种最小均方意义上的最优变换，目的是去除输入随机向量之间的相关性，突出原始数据中的隐含特性[138, 139]。PCA方法的优势在于数据压缩以及多维数据进行降维，它操作简单，且没有参数限制，可以方便的应用于各个场合。它经常被用于特征提取等领域，是在高维数据中寻找模式的一种技术。具体步骤如下：

（1）相关系数矩阵

原始数据处理后得标准化数据矩阵，计算对应的相关系数矩阵 R，并计算 R 的特征值与特征向量。

$$R = -(r_{ij})p \times p$$

其中

$$r_{ij} = \frac{1}{n-1} \sum_{i=1}^{n} Z_{ki} Z_{kj}$$

式中，$i=1$，2，3，…，n；$j=1$，2，3，…，p；矩阵 R 的特征值为 λ_i；特征向量为 E_i（$i=1$，2，3，…，p）；Z_{ki}，Z_{kj} 分别为标准化后的数据值。

（2）主成分模型

根据累计贡献率选取主成分，使其特征值大于1，选取 k 个主成分，建立主成分模型，即

$$F_1 = a_{11}Z_1 + a_{21}Z_2 + \cdots + a_{p1}Z_p \qquad \text{第 1 个主成分}$$

$$F_2 = a_{12}Z_1 + a_{22}Z_2 + \cdots + a_{p2}Z_p \qquad \text{第 2 个主成分}$$

$$\vdots$$

$$F_k = a_{1k}Z_1 + a_{2k}Z_2 + \cdots + a_{pk}Z_p \qquad \text{第 } k \text{ 个主成分}$$

式中，a_{ij} 描述了因子 i 在第 j 个主成分中的因子得分系数，即第 i 个因子对第 j 个主成分的贡献，它与该主成分对应方差的贡献率 E_j 的组合，便是需要确定的第 i 个环境因子的权重值，即

$$W_i = \sum_{j=1}^{k} |a_{ij}| \times E_j$$

用 SPSS 软件进行主成分分析时，得到的不是决策矩阵系数 a_{ij} 而是初始因子载荷 f_{ij}。二者满足如下关系，即

$$a_{ij} = \frac{f_{ij}}{\sqrt{\lambda_j}}$$

式中，j=1，2，3，…，m，a_{ij} 为单位特征向量，即第 i 个指标在第 j 个主成分线性组合中的系数；f_{ij} 为第 i 个指标在因子负荷矩阵中第 j 个主成分对应的变量；λ_j 为第 j 个主成分的初始特征根。

（3）指标权重的归一化

由于所有指标的权重之和为 1，因此指标权重需要在综合模型中指标系数的基础上归一化，即

$$W_i^0 = \frac{W_i}{\sum_{i=1}^{p} w_i}$$

式中，W_i^0 为归一化权重。

京津冀地区县区水环境承载力评估客观权重

对京津冀县区数据采用主成分分析计算客观权重，重点开发区、农产品主产区和重点生态功能区分别提取了 5 个、6 个和 6 个主成分，根据主成分载荷、特征根和贡献率求其权重（表 4-23～表 4-25）。

表 4-23 京津冀重点开发区水环境承载力评估指标客观权重

专项指标	评估指标		PC_1	PC_2	PC_3	PC_4	PC_5	权重
水资源	水资源开发利用率		0.834	−0.32	−0.12	0.006	0.19	0.062
	万元工业增加值耗水量		−0.37	0.301	0.257	0.417	−0.38	0.040
	水域面积占比		−0.31	−0.08	0.803	−0.03	0.118	0.046
	人均水域面积		0.023	0.064	0.532	−0.39	0.289	0.051
排放强度	农业	农业 NH_3-N 排放强度	−0.63	0.456	0.301	0.008	0.256	0.038
		农业 TP 排放强度	−0.80	0.151	0.071	−0.02	0.211	0.016
	废水	废水 COD 排放强度	0.318	0.828	0.028	−0.06	0.009	0.073
		废水 NH_3-N 排放强度	0.255	0.672	−0.20	−0.49	0.126	0.054
		废水 TP 排放强度	0.311	0.797	−0.28	−0.21	−0.03	0.061

专项指标	评估指标	PC$_1$	PC$_2$	PC$_3$	PC$_4$	PC$_5$	权重
水环境	水质时间达标率	0.330	0.300	−0.08	0.709	0.107	0.074
	水质空间达标率	0.399	0.491	0.072	0.510	0.261	0.084
水生态	植被覆盖岸线比	0.581	0.081	0.653	−0.05	−0.16	0.076
	岸边林草带覆盖率	0.550	0.073	0.732	0.035	−0.13	0.079
	河流连通性	0.366	0.216	−0.01	−0.19	−0.66	0.043
	生态基流保障率	0.809	−0.03	−0.04	0.095	0.151	0.072
土地利用	水质净化功能指数	0.873	−0.26	0.108	−0.05	0.030	0.067
	城镇绿地面积	0.732	−0.17	−0.06	−0.06	0.204	0.063

表 4-24　京津冀农产品主产区水环境承载力评估指标客观权重

专项指标	评估指标		PC$_1$	PC$_2$	PC$_3$	PC$_4$	PC$_5$	PC$_6$	权重
水资源	水资源开发利用率		0.873	−0.12	−0.34	0.007	0.029	0.164	0.065
	万元工业增加值耗水量		−0.25	0.537	0.011	−0.37	0.401	0.389	0.051
	水域面积占比		0.109	−0.15	0.809	−0.33	0.186	−0.08	0.055
	人均水域面积		0.327	0.11	0.734	0.084	0.160	0.190	0.073
排放强度	农业	农业 NH$_3$-N 排放强度	−0.67	−0.44	0.112	0.213	0.214	0.199	0.020
		农业 TP 排放强度	−0.61	0.05	0.242	0.278	0.118	0.497	0.041
	废水	废水 COD 排放强度	0.56	0.663	0.263	0.171	−0.11	0.070	0.085
		废水 NH$_3$-N 排放强度	0.35	0.656	0.381	0.064	−0.05	−0.30	0.074
		废水 TP 排放强度	0.35	0.780	−0.16	0.037	−0.03	0.077	0.070
水环境	水质时间达标率		0.167	−0.21	0.256	0.704	−0.22	−0.15	0.055
	水质空间达标率		−0.14	0.274	−0.06	0.717	0.151	0.135	0.059
水生态	植被覆盖岸线比		0.90	−0.10	0.206	0.020	−0.10	0.168	0.076
	岸边林草带覆盖率		0.660	−0.51	0.325	−0.09	−0.09	0.064	0.057
	河流连通性		−0.24	−0.00	0.042	−0.18	−0.77	0.497	0.026
	生态基流保障率		0.51	−0.34	−0.37	0.120	0.234	0.068	0.050
土地利用	水质净化功能指数		0.93	−0.17	−0.15	−0.07	0.056	0.103	0.068
	城镇绿地面积		0.83	−0.03	−0.17	0.088	0.185	0.262	0.075

表 4-25　京津冀重点生态功能区水环境承载力评估指标客观权重

专项指标	评估指标		PC$_1$	PC$_2$	PC$_3$	PC$_4$	PC$_5$	PC$_6$	权重
水资源	水资源开发利用率		0.792	0.034	−0.22	−0.00	0.111	0.046	0.083
	万元工业增加值耗水量		0.346	−0.50	0.278	0.393	−0.15	−0.40	0.055
	水域面积占比		−0.27	−0.65	0.205	0.279	0.335	−0.30	0.033
	人均水域面积		−0.35	−0.40	0.096	−0.52	0.167	0.344	0.024
排放强度	农业	农业 NH$_3$-N 排放强度	−0.75	−0.19	−0.19	0.325	0.113	0.242	0.025
		农业 TP 排放强度	−0.60	0.064	−0.44	0.315	0.183	0.422	0.038
	废水	废水 COD 排放强度	−0.51	0.385	0.625	−0.13	0.022	−0.07	0.055
		废水 NH$_3$-N 排放强度	−0.43	0.602	0.384	−0.30	−0.12	−0.08	0.051
		废水 TP 排放强度	−0.44	0.612	0.041	−0.01	−0.02	−0.35	0.046

专项指标	评估指标	PC_1	PC_2	PC_3	PC_4	PC_5	PC_6	权重
水环境	水质时间达标率	0.206	−0.06	−0.43	−0.63	0.268	−0.20	0.033
	水质空间达标率	0.233	0.542	0.239	0.381	0.500	0.137	0.108
水生态	植被覆盖岸线比	0.334	−0.40	0.458	−0.21	−0.35	0.435	0.061
	岸边林草带覆盖率	0.755	−0.28	0.191	0.051	0.154	−0.09	0.082
	河流连通性	−0.16	0.105	−0.49	0.178	−0.69	−0.14	0.021
	生态基流保障率	0.633	0.227	0.245	0.196	−0.25	0.367	0.099
土地利用	水质净化功能指数	0.811	0.322	−0.25	−0.22	0.110	−0.05	0.085
	城镇绿地面积	0.557	0.529	−0.06	0.267	0.068	0.112	0.101

4.5.4 主客观权重分析

4.5.4.1 计算模型

将层次分析法计算的主观权重与采用主成分分析法计算的客观权重联合，得到各指标的综合权重，即

$$W = tW_1 + (1-t)W_2$$

式中，W 为综合权重；W_1 为层次分析法计算的权重；W_2 为主成分分析计算的权重；t 为经验因子，通过设置经验因子，调整主观权重和客观权重的比重。

4.5.4.2 京津冀地区县区水环境承载力评估指标主客观权重

根据公式计算京津冀地区重点开发区、农产品主产区和重点生态功能区的水环境承载力评估指标的主客观权重，计算结果见表4-26。

表4-26 京津冀地区县区水环境承载力评估指标主客观权重

专项指标	评估指标		重点开发区	农产品主产区	重点生态功能区
水资源	水资源开发利用率		0.025 9	0.104 3	0.014 6
	万元工业增加值耗水量		0.047 9	0.041 1	0.009 8
	水域面积占比		0.014 7	0.231 1	0.025 6
	人均水域面积		0.021 3	0.080 7	0.029 8
排放强度	农业	农业 NH$_3$-N 排放强度	0.035 9	0.086 2	0.010 8
		农业 TP 排放强度	0.022 9	0.088 3	0.009 9
	废水	废水 COD 排放强度	0.186 7	0.057 1	0.013 8
		废水 NH$_3$-N 排放强度	0.120 0	0.039 4	0.012 9
		废水 TP 排放强度	0.078 8	0.023 9	0.007 7
水环境	水质时间达标率		0.150 4	0.052 0	0.183 1
	水质空间达标率		0.151 5	0.052 4	0.190 6

专项指标	评估指标	重点开发区	农产品主产区	重点生态功能区
水生态	植被覆盖岸线比	0.015 0	0.012 5	0.046 4
	岸边林草带覆盖率	0.016 0	0.010 6	0.050 3
	河流连通性	0.008 4	0.015 9	0.030 4
	生态基流保障率	0.025 4	0.016 4	0.153 9
土地利用	水质净化功能指数	0.023 3	0.062 2	0.168 2
	城镇绿地面积	0.056 1	0.025 9	0.042 0

4.6　水环境承载力模型构建

4.6.1　基于多权重与多模型的承载力评估模型

基于加权求和与灰色模糊综合评判，结合主观权重、客观权重与主客观权重，组合以下 6 种计算水环境承载力综合指数的方法，见表 4-27。

表 4-27　水环境承载力综合指数计算模型

序号	计算模型
1	基于主观权重的加权求和承载力综合指数计算模型
2	基于客观权重的加权求和承载力综合指数计算模型
3	基于主客观权重的加权求和承载力综合指数计算模型
4	基于主观权重的灰色模糊综合评判承载力综合指数计算模型
5	基于客观权重的灰色模糊综合评判承载力综合指数计算模型
6	基于主客观权重的灰色模糊综合评判承载力综合指数计算模型

4.6.1.1　加权求和模型

根据各个目标的重要程度分别乘以不同的权重系数然后相加构造出一个新的单目标函数[140, 141]。

4.6.1.2　灰色模糊综合评判

灰色系统理论方法[142, 143]的运用摆脱了人为的干预，更趋完善。该方法简单易行，定量化程度高，可改善根据模糊综合评判得到的结果因人而异的状况。具体计算步骤如下：

（1）选取母序列和子序列

在进行灰色关联分析时，应选取数据内部结构上能够反映被评判事物的性质的数量指标序列，将其称为关联分析的母序列，记为

$$\left\{x_t^{(0)}(0)\right\}, t = 1, 2, \cdots, n$$

式中，t 为母序列的子因素。

关联分析的子序列是决定被评判事物性质的各子因素数据的有序排列。考虑主因素的 m 个子因素（要求同单位、同比例尺或无单位），则子序列表示为

$$\left\{x_t^{(0)}(i)\right\}, i = 1, 2, \cdots, m; \quad t = 1, 2, \cdots, n$$

式中，m 为子序列的子因素。

（2）计算子序列与母序列间的关联度

对原始数据进行初始化变换。计算出同一观测时刻各子因素与主因素观测值之间的绝对差值（Δ）及其极值，即

$$\Delta_t(i, 0) = \left|x_t^{(1)}(i) - x_t^{(1)}(0)\right|$$

$$\Delta_{\max} = \max_t \max_i \left|x_t^{(1)}(i) - x_t^{(1)}(0)\right|$$

$$\Delta_{\min} = \min_t \min_i \left|x_t^{(1)}(i) - x_t^{(1)}(0)\right|$$

式中，$i = 1, 2, \cdots, m; \quad t = 1, 2, \cdots, n$；$\Delta$、$\Delta_{\max}$ 和 $\Delta_{\min}$ 分别为同一观测时刻各子因素与主因素观测值之间的绝对差值、极大值和极小值。

各子因素与主因素之间的关联度为

$$r_{i,0} = \frac{1}{n} \sum_{i=1}^{n} \frac{\Delta_{\min} + k\Delta_{\max}}{\Delta_i(i, 0) + k\Delta_{\max}}$$

式中，$r_{i,0}$ 表示关联度，k 为常数，$i = 1, 2, \cdots, m; \quad k \in (0.1, 1)$。

（3）模糊综合评判

设有因素集 $U = \{a_1, a_2, \cdots, a_m\}$

评语集 $V = \{v_1, v_2, \cdots, v_l\}$

根据各因素的观测值，对评判对象的全体进行单因素评判，得到单因素评判集为

$$\boldsymbol{R} = \begin{bmatrix} r_{11} & r_{12} & \cdots & r_{1l} \\ r_{21} & r_{22} & \cdots & r_{2l} \\ \vdots & \vdots & \vdots & \vdots \\ r_{m1} & r_{m2} & \cdots & r_{ml} \end{bmatrix}$$

式中，$\boldsymbol{R}$ 为单因素评判集。

则模糊综合评判量为

$$S = A \cdot R = \{s_1, s_2, \cdots, s_1\}$$

式中，S 为模糊综合评判量；A 为权重向量；"·" 遵循普通矩阵的乘法运算。

4.6.2　京津冀县区水环境承载力综合指数计算

依据 4.6.1 节中的模型，计算 6 种模型下京津冀县区水环境承载力综合指数。结果见表 4-28。

表 4-28　6 种模型的水环境承载力指数

年份	地市	县区	主体功能区	1	2	3	4	5	6
2016	保定市	安新县	农产品主产区	0.47	0.45	0.46	0.63	0.60	0.61
	保定市	定兴县	农产品主产区	0.27	0.41	0.34	0.75	0.63	0.69
	保定市	莲池区	重点开发区	0.43	0.34	0.38	0.63	0.67	0.65
	保定市	唐县	重点生态功能区	0.67	0.56	0.62	0.48	0.53	0.50
	沧州市	泊头市	农产品主产区	0.40	0.38	0.39	0.61	0.64	0.63
	沧州市	黄骅市	重点开发区	0.58	0.52	0.55	0.54	0.55	0.55
	承德市	承德县	重点生态功能区	0.68	0.63	0.66	0.47	0.48	0.47
	承德市	宽城满族自治县	重点生态功能区	0.76	0.63	0.70	0.42	0.47	0.45
	承德市	隆化县	农产品主产区	0.42	0.59	0.51	0.61	0.50	0.55
	承德市	平泉县	农产品主产区	0.36	0.57	0.47	0.65	0.52	0.59
	承德市	双滦区	重点开发区	0.77	0.62	0.69	0.42	0.49	0.45
	承德市	双桥区	重点开发区	0.58	0.53	0.56	0.55	0.56	0.55
	承德市	兴隆县	重点生态功能区	0.70	0.63	0.67	0.44	0.48	0.46
	承德市	鹰手营子矿区	重点开发区	0.50	0.45	0.47	0.56	0.57	0.56
	邯郸市	磁县	农产品主产区	0.62	0.56	0.59	0.48	0.50	0.49
	衡水市	阜城县	农产品主产区	0.30	0.24	0.27	0.69	0.73	0.71
	衡水市	饶阳县	农产品主产区	0.36	0.33	0.34	0.70	0.68	0.69
	衡水市	武强县	农产品主产区	0.37	0.32	0.35	0.63	0.66	0.64
	廊坊市	安次区	重点开发区	0.26	0.24	0.25	0.75	0.75	0.75
	廊坊市	霸州市	重点开发区	0.26	0.23	0.25	0.75	0.78	0.76
	廊坊市	三河市	重点开发区	0.39	0.36	0.37	0.66	0.65	0.66
	秦皇岛市	北戴河区	重点开发区	0.33	0.36	0.35	0.69	0.65	0.67
	秦皇岛市	昌黎县	重点开发区	0.17	0.30	0.24	0.80	0.70	0.75
	秦皇岛市	抚宁区	重点生态功能区	0.52	0.54	0.53	0.53	0.52	0.53
	秦皇岛市	海港区	重点开发区	0.50	0.45	0.48	0.58	0.59	0.59
	秦皇岛市	卢龙县	农产品主产区	0.54	0.56	0.55	0.52	0.51	0.52
	秦皇岛市	青龙满族自治县	重点生态功能区	0.65	0.63	0.64	0.46	0.48	0.47
	秦皇岛市	山海关区	重点开发区	0.57	0.53	0.55	0.50	0.52	0.51
	石家庄市	平山县	重点生态功能区	0.76	0.62	0.69	0.42	0.48	0.45
	石家庄市	深泽县	农产品主产区	0.33	0.36	0.35	0.69	0.66	0.68

年份	地市	县区	主体功能区	1	2	3	4	5	6
2016	石家庄市	辛集市	重点开发区	0.52	0.35	0.43	0.59	0.71	0.65
	石家庄市	赵县	农产品主产区	0.24	0.26	0.25	0.77	0.75	0.76
	唐山市	丰南区	重点开发区	0.65	0.55	0.60	0.48	0.53	0.51
	唐山市	乐亭县	重点开发区	0.75	0.62	0.68	0.42	0.50	0.46
	唐山市	滦县	重点开发区	0.75	0.62	0.69	0.42	0.49	0.46
	唐山市	迁西县	重点生态功能区	0.53	0.62	0.58	0.55	0.49	0.52
	唐山市	玉田县	农产品主产区	0.55	0.44	0.50	0.53	0.58	0.56
	唐山市	遵化市	重点开发区	0.83	0.57	0.70	0.40	0.53	0.46
	邢台市	宁晋县	农产品主产区	0.44	0.51	0.48	0.60	0.57	0.58
	邢台市	任县	农产品主产区	0.32	0.43	0.37	0.69	0.61	0.65
	张家口市	怀安县	重点生态功能区	0.68	0.56	0.62	0.46	0.51	0.49
	张家口市	怀来县	重点生态功能区	0.57	0.55	0.56	0.49	0.51	0.50
	张家口市	涿鹿县	重点生态功能区	0.73	0.58	0.65	0.44	0.50	0.47
2017	保定市	安新县	农产品主产区	0.55	0.49	0.52	0.54	0.55	0.55
	保定市	定兴县	农产品主产区	0.36	0.42	0.39	0.67	0.62	0.64
	保定市	莲池区北市区	重点开发区	0.58	0.43	0.51	0.52	0.60	0.56
	保定市	唐县	重点生态功能区	0.62	0.49	0.56	0.51	0.59	0.55
	沧州市	泊头市	农产品主产区	0.50	0.47	0.49	0.55	0.59	0.57
	沧州市	黄骅市	重点开发区	0.48	0.49	0.48	0.58	0.56	0.57
	承德市	承德县	重点生态功能区	0.64	0.63	0.64	0.50	0.48	0.49
	承德市	宽城满族自治县县	重点生态功能区	0.76	0.62	0.69	0.42	0.48	0.45
	承德市	隆化县	农产品主产区	0.41	0.60	0.50	0.62	0.50	0.56
	承德市	平泉县	农产品主产区	0.38	0.60	0.49	0.65	0.51	0.58
	承德市	双滦区	重点开发区	0.75	0.61	0.68	0.42	0.49	0.46
	承德市	双桥区	重点开发区	0.51	0.50	0.51	0.53	0.55	0.54
	承德市	兴隆县	重点生态功能区	0.62	0.60	0.61	0.50	0.51	0.50
	承德市	鹰手营子矿区	重点开发区	0.54	0.46	0.50	0.52	0.57	0.54
	邯郸市	磁县	农产品主产区	0.61	0.54	0.57	0.48	0.51	0.50
	衡水市	阜城县	农产品主产区	0.39	0.36	0.37	0.63	0.66	0.65
	衡水市	饶阳县	农产品主产区	0.32	0.31	0.31	0.69	0.68	0.68
	衡水市	武强县	农产品主产区	0.46	0.36	0.41	0.58	0.63	0.60
	廊坊市	安次区	重点开发区	0.31	0.27	0.29	0.71	0.73	0.72
	廊坊市	霸州市	重点开发区	0.31	0.26	0.29	0.71	0.75	0.73
	廊坊市	三河市	重点开发区	0.77	0.55	0.66	0.42	0.53	0.48
	秦皇岛市	北戴河新区	重点开发区	0.36	0.44	0.40	0.68	0.65	0.67
	秦皇岛市	昌黎县	重点开发区	0.42	0.65	0.53	0.70	0.66	0.68
	秦皇岛市	抚宁区	重点生态功能区	0.84	0.69	0.77	0.50	0.57	0.54
	秦皇岛市	海港区	重点开发区	0.53	0.49	0.51	0.57	0.59	0.58
	秦皇岛市	卢龙县	农产品主产区	0.76	0.78	0.77	0.53	0.51	0.52
	秦皇岛市	青龙满族自治县	重点生态功能区	0.89	0.73	0.81	0.44	0.49	0.47
	秦皇岛市	山海关区	重点开发区	0.76	0.77	0.77	0.45	0.51	0.48

年份	地市	县区	主体功能区	1	2	3	4	5	6
2017	石家庄市	平山县	重点生态功能区	0.79	0.70	0.75	0.41	0.44	0.42
	石家庄市	深泽县	农产品主产区	0.39	0.42	0.40	0.64	0.62	0.63
	石家庄市	辛集市	重点开发区	0.30	0.22	0.26	0.70	0.77	0.74
	石家庄市	赵县	农产品主产区	0.35	0.31	0.33	0.65	0.68	0.67
	唐山市	丰南区	重点开发区	0.77	0.63	0.70	0.41	0.49	0.45
	唐山市	乐亭县	重点开发区	0.66	0.60	0.63	0.48	0.51	0.49
	唐山市	滦县	重点开发区	0.79	0.66	0.72	0.41	0.48	0.44
	唐山市	迁西县	重点生态功能区	0.57	0.64	0.61	0.51	0.48	0.50
	唐山市	玉田县	农产品主产区	0.54	0.44	0.49	0.54	0.58	0.56
	唐山市	遵化市	重点开发区	0.83	0.57	0.70	0.40	0.53	0.46
	天津市	宝坻区	重点开发区	0.18	0.30	0.24	0.80	0.70	0.75
	天津市	北辰区	重点开发区	0.35	0.41	0.38	0.71	0.64	0.67
	天津市	滨海新区	重点开发区	0.20	0.36	0.28	0.82	0.68	0.75
	天津市	东丽区	重点开发区	0.24	0.37	0.30	0.75	0.65	0.70
	天津市	和平区	重点开发区	0.31	0.23	0.27	0.68	0.77	0.72
	天津市	河北区	重点开发区	0.43	0.32	0.37	0.68	0.75	0.71
	天津市	河东区	重点开发区	0.22	0.20	0.21	0.77	0.80	0.78
	天津市	河西区	重点开发区	0.20	0.20	0.20	0.77	0.79	0.78
	天津市	红桥区	重点开发区	0.29	0.24	0.27	0.76	0.79	0.77
	天津市	蓟州区	重点生态功能区	0.57	0.50	0.54	0.49	0.55	0.52
	天津市	津南区	重点开发区	0.49	0.51	0.50	0.65	0.60	0.62
	天津市	静海区	重点开发区	0.17	0.34	0.25	0.84	0.70	0.77
	天津市	南开区	重点开发区	0.30	0.24	0.27	0.68	0.75	0.72
	天津市	宁河区	重点生态功能区	0.39	0.35	0.37	0.60	0.66	0.63
	天津市	武清区	重点开发区	0.44	0.45	0.44	0.67	0.62	0.64
	天津市	西青区	重点开发区	0.37	0.45	0.41	0.71	0.63	0.67
	邢台市	宁晋县	农产品主产区	0.39	0.42	0.41	0.62	0.62	0.62
	邢台市	任县	农产品主产区	0.32	0.38	0.35	0.66	0.63	0.65
	张家口市	怀安县	重点生态功能区	0.51	0.53	0.52	0.54	0.53	0.53
	张家口市	怀来县	重点生态功能区	0.54	0.56	0.55	0.53	0.51	0.52
	张家口市	涿鹿县	重点生态功能区	0.72	0.58	0.65	0.45	0.51	0.48
2018	保定市	安新县	农产品主产区	0.53	0.46	0.50	0.56	0.58	0.57
	保定市	定兴县	农产品主产区	0.41	0.44	0.43	0.60	0.59	0.60
	保定市	莲池区	重点开发区	0.61	0.45	0.53	0.51	0.60	0.56
	保定市	唐县	重点生态功能区	0.51	0.59	0.55	0.55	0.51	0.53
	沧州市	泊头市	农产品主产区	0.42	0.42	0.42	0.59	0.62	0.61
	沧州市	黄骅市	重点开发区	0.52	0.51	0.51	0.56	0.55	0.55
	承德市	承德县	重点生态功能区	0.63	0.62	0.63	0.52	0.49	0.50
	承德市	宽城满族自治县	重点生态功能区	0.75	0.63	0.69	0.43	0.48	0.46

年份	地市	县区	主体功能区	1	2	3	4	5	6
	承德市	隆化县	农产品主产区	0.35	0.53	0.44	0.65	0.53	0.59
	承德市	平泉县	农产品主产区	0.37	0.55	0.46	0.62	0.52	0.57
	承德市	双滦区	重点开发区	0.77	0.62	0.70	0.42	0.49	0.45
	承德市	双桥区	重点开发区	0.54	0.53	0.53	0.57	0.55	0.56
	承德市	兴隆县	重点生态功能区	0.63	0.63	0.63	0.50	0.48	0.49
	承德市	鹰手营子矿区	重点开发区	0.55	0.48	0.52	0.54	0.57	0.55
	邯郸市	磁县	农产品主产区	0.59	0.55	0.57	0.49	0.51	0.50
	衡水市	阜城县	农产品主产区	0.34	0.32	0.33	0.66	0.68	0.67
	衡水市	饶阳县	农产品主产区	0.26	0.25	0.26	0.73	0.71	0.72
	衡水市	武强县	农产品主产区	0.46	0.34	0.40	0.58	0.66	0.62
	廊坊市	安次区	重点开发区	0.38	0.31	0.35	0.65	0.70	0.67
	廊坊市	霸州市	重点开发区	0.35	0.29	0.32	0.69	0.74	0.71
	廊坊市	三河市	重点开发区	0.72	0.56	0.64	0.44	0.53	0.49
	秦皇岛市	北戴河区	重点开发区	0.34	0.38	0.36	0.68	0.64	0.66
	秦皇岛市	昌黎县	重点开发区	0.32	0.37	0.35	0.69	0.64	0.66
	秦皇岛市	抚宁区	重点生态功能区	0.55	0.56	0.56	0.51	0.52	0.51
	秦皇岛市	海港区	重点开发区	0.29	0.36	0.33	0.71	0.65	0.68
2018	秦皇岛市	卢龙县	农产品主产区	0.53	0.55	0.54	0.53	0.52	0.53
	秦皇岛市	青龙满族自治县	重点生态功能区	0.75	0.66	0.71	0.42	0.46	0.44
	秦皇岛市	山海关区	重点开发区	0.37	0.43	0.40	0.65	0.59	0.62
	石家庄市	平山县	重点生态功能区	0.78	0.70	0.74	0.41	0.43	0.42
	石家庄市	深泽县	农产品主产区	0.37	0.42	0.39	0.64	0.62	0.63
	石家庄市	辛集市	重点开发区	0.63	0.39	0.51	0.51	0.67	0.59
	石家庄市	赵县	农产品主产区	0.18	0.22	0.20	0.79	0.76	0.78
	唐山市	丰南区	重点开发区	0.83	0.64	0.73	0.40	0.50	0.45
	唐山市	乐亭县	重点开发区	0.82	0.66	0.74	0.40	0.49	0.45
	唐山市	滦县	重点开发区	0.77	0.62	0.70	0.42	0.49	0.46
	唐山市	迁西县	重点生态功能区	0.54	0.62	0.58	0.54	0.49	0.52
	唐山市	玉田县	农产品主产区	0.47	0.34	0.40	0.58	0.65	0.62
	唐山市	遵化市	重点开发区	0.81	0.55	0.68	0.41	0.53	0.47
	邢台市	宁晋县	农产品主产区	0.43	0.44	0.43	0.61	0.62	0.61
	邢台市	任县	农产品主产区	0.42	0.43	0.42	0.62	0.61	0.61
	张家口市	怀安县	重点生态功能区	0.51	0.54	0.53	0.54	0.52	0.53
	张家口市	怀来县	重点生态功能区	0.58	0.58	0.58	0.49	0.50	0.50
	张家口市	涿鹿县	重点生态功能区	0.73	0.59	0.66	0.44	0.50	0.47

基于 6 种模型计算的结果，将结果与污染物超标倍数进行回归分析，比较线性回归的回归系数（R）和水平检验（p），用此进行水环境承载力综合指数计算模型选取。

4.6.3　参数属地化率定与模型优化

4.6.3.1　污染物超标指数

根据《资源环境承载能力监测预警技术方法（试行）》中的水环境承载力评估方法：基于污染物浓度超标指数，将评价结果划分为污染物浓度超标、接近超标和未超标三种类型。

（1）定义

按照单因子评价法对断面监测值进行评价，取各控制断面 COD_{Cr}、COD_{Mn}、BOD_5、$NH_3\text{-}N$、TN 和 TP 等主要污染物年均浓度与该项污染物 2020 年水质目标限值之比的最大差值作为断面水质超标指数。区域污染物超标指数即区域内所有断面水质超标指数的平均值。

（2）计算公式：

$$R_{水ijk} = \frac{C_{水ijk}}{S_{水ijk}} - 1$$

$$R_{水ij} = \frac{\sum\limits_{k=1}^{N_j} R_{水ijk}}{N_j}$$

$$R_{水jk} = \max_i(R_{水ijk})$$

$$C_4 = \frac{\sum\limits_{k=1}^{N_j} R_{水jk}}{N_j}$$

在对水质达标率进行考核时，必须扣除入境水质影响，具体核算方法参照"水十条"上、下游断面水质影响识别公式。

$R_{水ijk}$ 为区域 j 第 k 个断面第 i 项水污染物浓度超标指数；$R_{水ij}$ 为区域 j 第 i 项水污染物浓度超标指数；C_{ijk} 为区域 j 第 k 个断面第 i 项水污染物的年均浓度监测值；S_{ik} 为第 k 个断面第 i 项水污染物的 2020 年水质目标限值（或水功能区目标值）。$i=1$，2，…，6 分别对应 COD_{Cr}、COD_{Mn}、BOD_5、$NH_3\text{-}N$、TN 和 TP；k 为某一控制断面，$k=1$，2，…，N_j；N_j 为区域 j 内控制断面个数。当 k 为河流控制断面时，计算 $R_{水ijk}$，$k=1$，2，…，6；当 k 为湖库控制断面时，计算 $R_{水ijk}$，$k=1$，2，…，6。$R_{水jk}$ 为区域 j 第 k 个断面的水污染物浓度超标指数。

（3）数据来源

由各省（区、市）的生态环境部门提供。

4.6.3.2 参数属地化率定与模型优化

对于主观权重、客观权重、主客观权重与加权求和灰色模糊综合评判的组合 6 种水环境承载力综合指数计算模型，将京津冀地区典型县区的指标赋分后的值代入模型，计算出 6 种水环境承载力综合指数。将计算京津冀典型县区的水环境承载力综合指数与其相应的污染超标指数进行线性回归分析，比较线性回归的回归系数（R）和水平检验（p），对 6 种水环境承载力综合指数计算模型进行本地化率定与模型优化。

（1）基于主观权重的加权求和承载力综合指数计算模型

依据 4.6.2 节计算的数值，将其与污染物超标倍数进行线性和非线性回归分析，结果如图 4-15 所示。

模型 1 线性回归

$$y = -0.034\,5x + 0.549\,6$$
$$R^2 = 0.083\,9$$
$$p < 0.01$$

模型 1 非线性回归

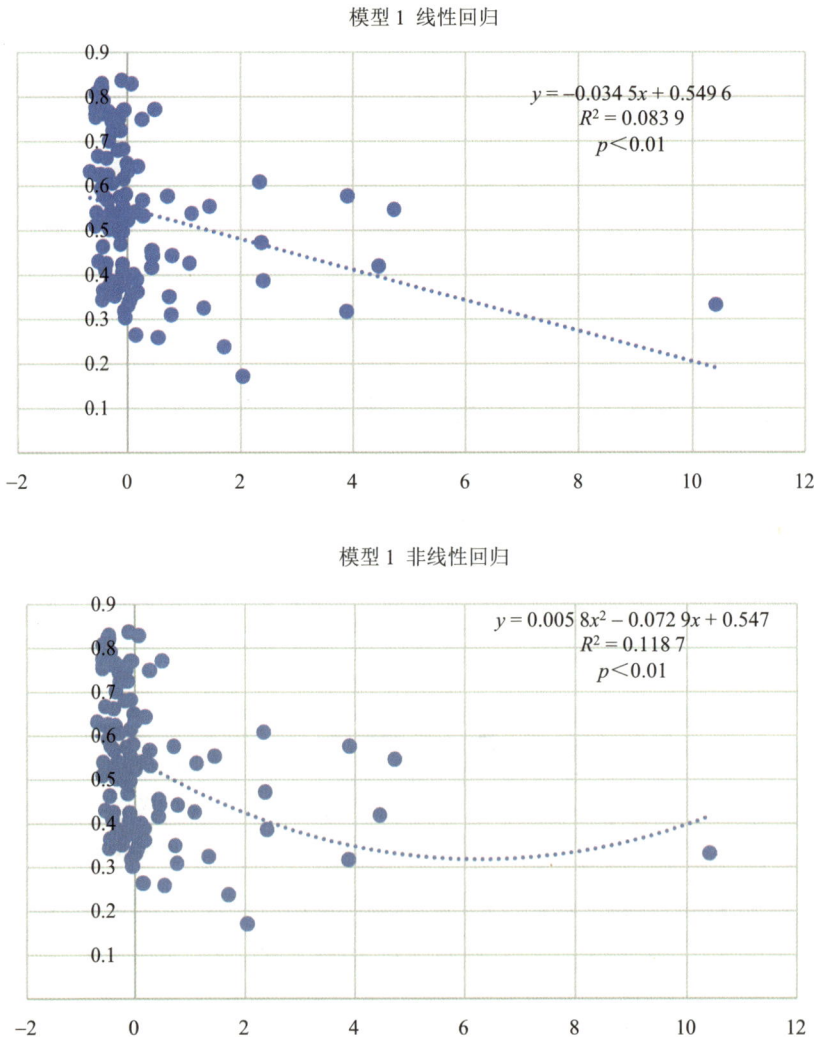

$$y = 0.005\,8x^2 - 0.072\,9x + 0.547$$
$$R^2 = 0.118\,7$$
$$p < 0.01$$

图 4-15 模型 1 回归分析

其中，非线性回归的相关系数（$R^2=0.118\,7$）大于线性回归的相关系数（$R^2=0.083\,9$），p 值均小于 0.01。

（2）基于客观权重的加权求和承载力综合指数计算模型

依据 4.6.2 节计算的数值，将其与污染物超标倍数进行线性和非线性回归分析，结果如图 4-16 所示。

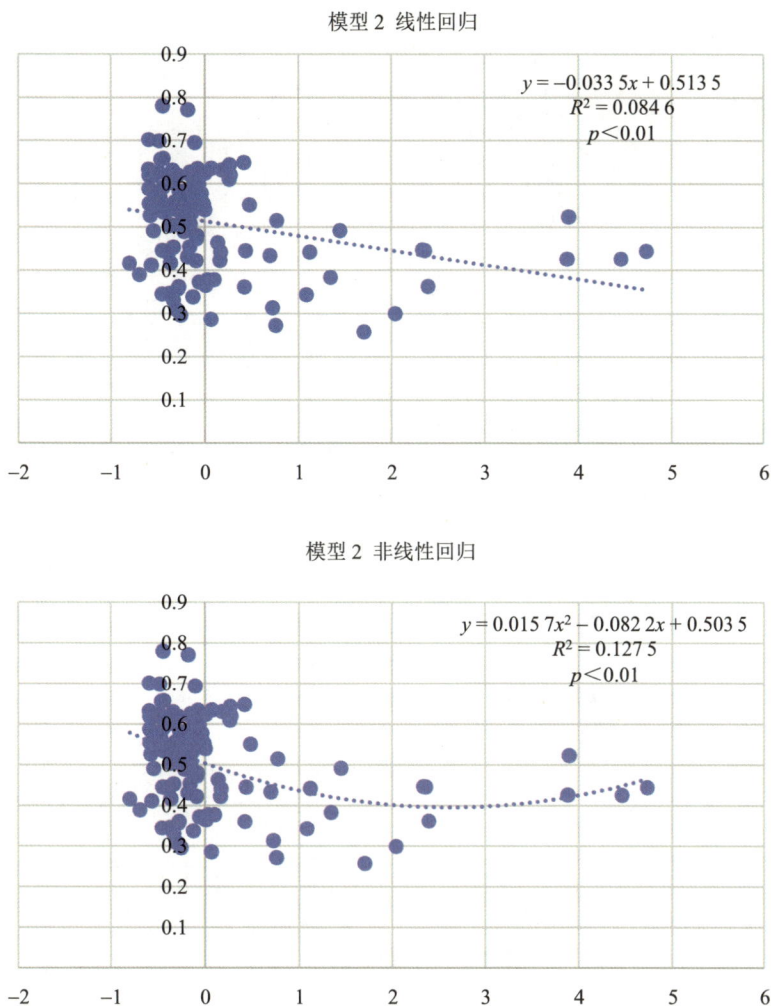

模型 2 线性回归

$$y = -0.033\,5x + 0.513\,5$$
$$R^2 = 0.084\,6$$
$$p < 0.01$$

模型 2 非线性回归

$$y = 0.015\,7x^2 - 0.082\,2x + 0.503\,5$$
$$R^2 = 0.127\,5$$
$$p < 0.01$$

图 4-16　模型 2 回归分析

其中，非线性回归的相关系数（$R^2=0.127\,5$）大于线性回归的相关系数（$R^2=0.084\,6$），p 值均小于 0.01。

（3）基于主客观权重的加权求和承载力综合指数计算模型

依据 4.6.2 节计算的数值，将其与污染物超标倍数进行线性和非线性回归分析，结果如图 4-17 所示。

模型 3 线性回归

$$y = -0.185\,4x + 0.508\,1$$
$$R^2 = 0.314\,5$$
$$p < 0.01$$

模型 3 非线性回归

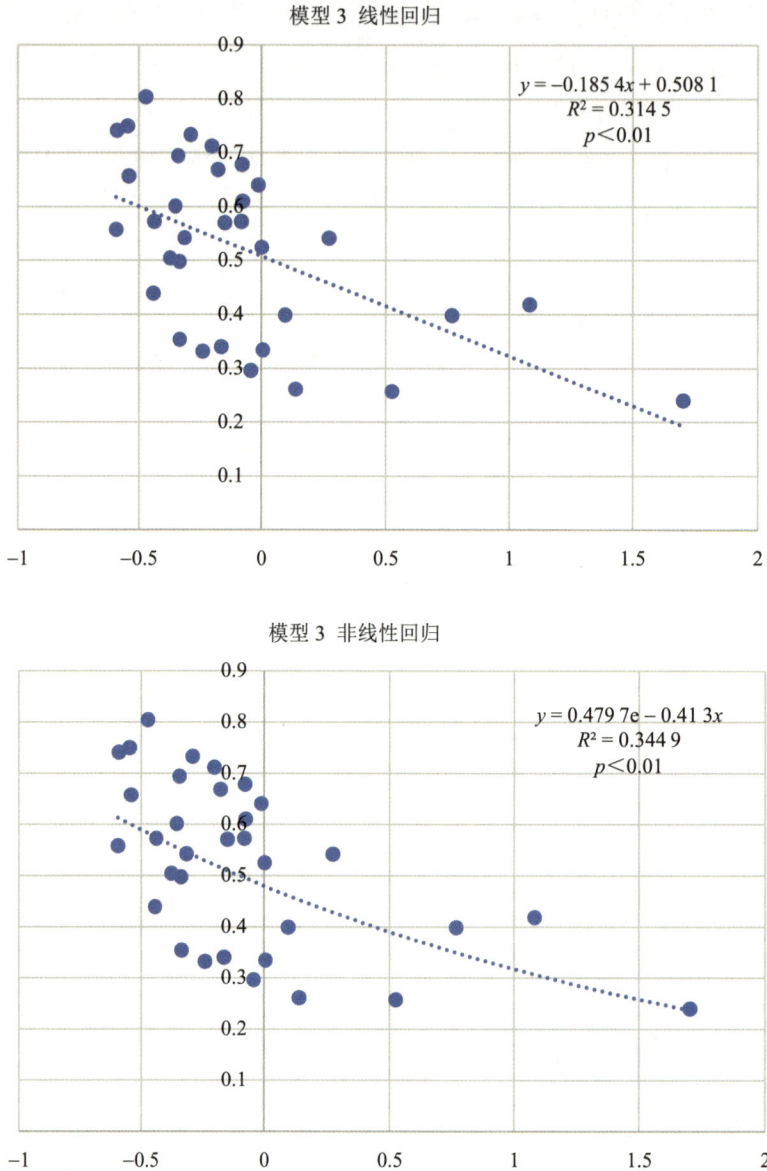

$$y = 0.479\,7e - 0.41\,3x$$
$$R^2 = 0.344\,9$$
$$p < 0.01$$

图 4-17　模型 3 回归分析

其中，非线性回归的相关系数（$R^2=0.344\,9$）大于线性回归的相关系数（$R^2=0.314\,5$），p 值均小于 0.01。

（4）基于主观权重的灰色模糊综合评判承载力综合指数计算模型

依据 4.6.2 节计算的数值，将其与污染物超标倍数进行线性和非线性回归分析，结果如图 4-18 所示。

模型 4　线性回归

$$y = 0.016\,2x + 0.558\,8$$
$$R^2 = 0.043\,1$$
$$p < 0.05$$

模型 4　非线性回归

$$y = -0.001\,8x^2 + 0.028\,2x + 0.560\,1$$
$$R^2 = 0.051$$
$$p < 0.05$$

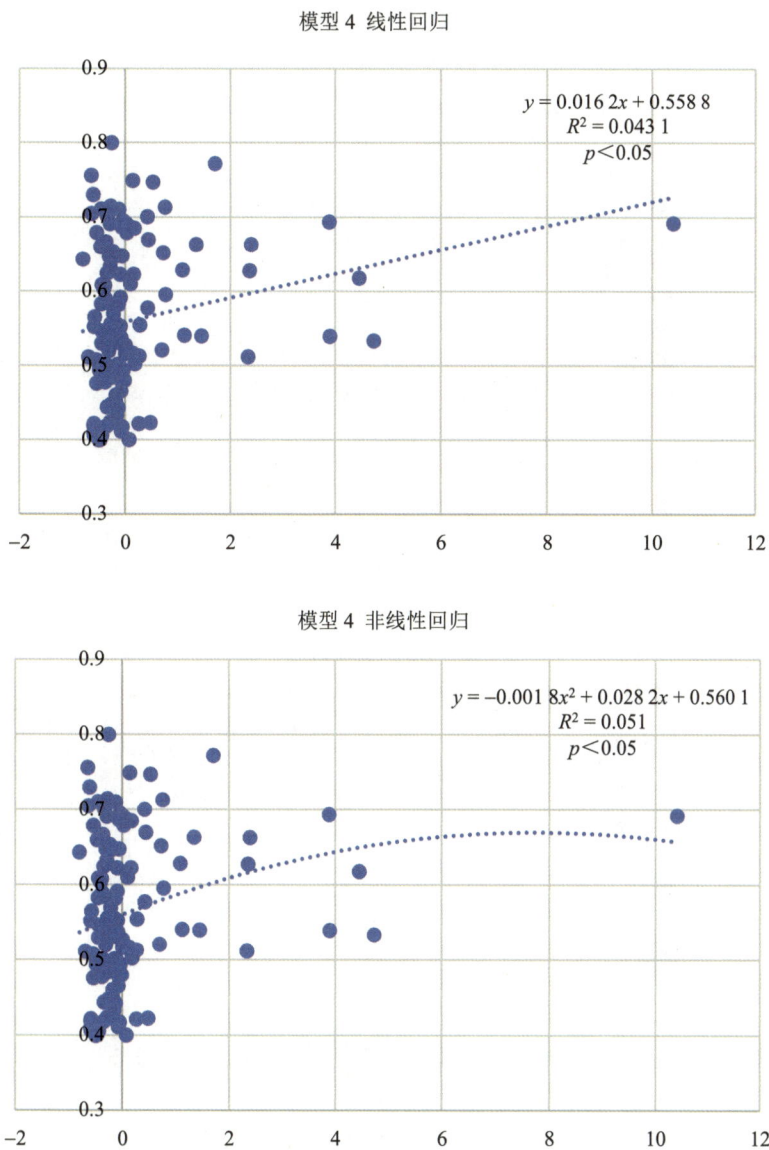

图 4-18　模型 4 回归分析

其中，非线性回归的相关系数（$R^2=0.051$）大于线性回归的相关系数（$R^2=0.043\,1$），p 值均小于 0.05。

（5）基于客观权重的灰色模糊综合评判承载力综合指数计算模型

依据 4.6.2 节计算的数值，将其与污染物超标倍数进行线性和非线性回归分析，结果如图 4-19 所示。

模型 5 线性回归

$$y = 0.013\,3x + 0.570\,7$$
$$R^2 = 0.05$$
$$p < 0.05$$

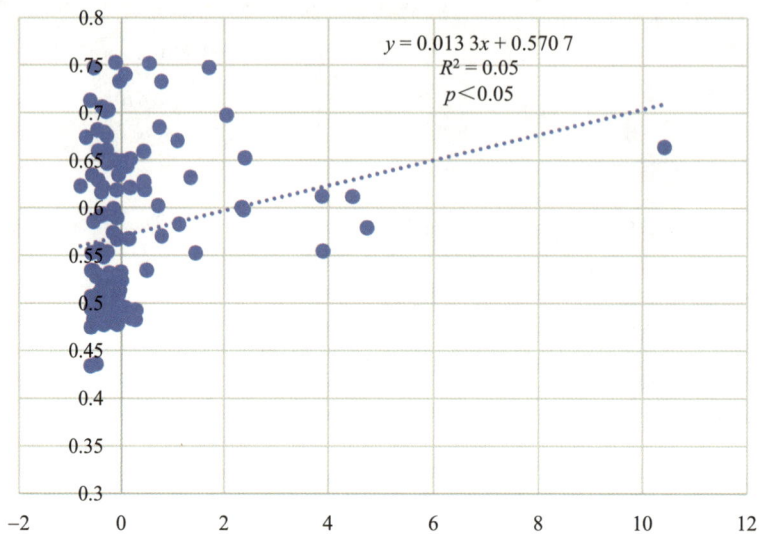

模型 5 非线性回归

$$y = -0.001\,9x^2 + 0.025\,9x + 0.571\,8$$
$$R^2 = 0.065\,1$$
$$p < 0.05$$

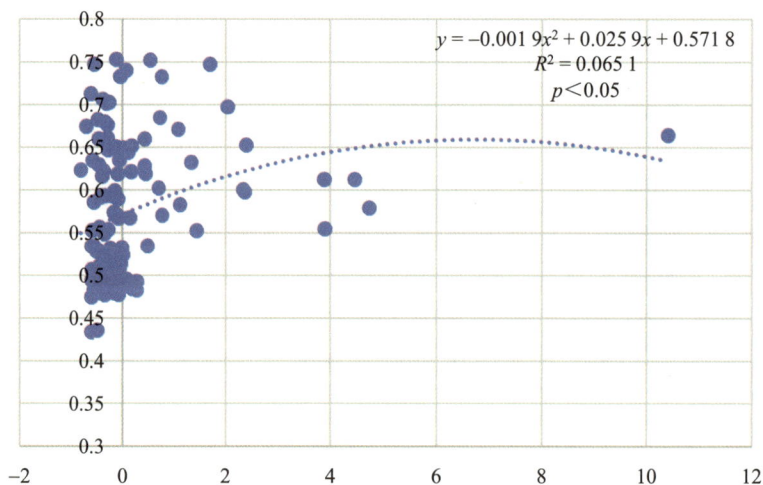

图 4-19　模型 5 回归分析

其中，非线性回归的相关系数（$R^2 = 0.065\,1$）大于线性回归的相关系数（$R^2 = 0.05$），p 值均小于 0.05。

（6）基于主客观权重的灰色模糊综合评判承载力综合指数计算模型

依据 4.6.2 节计算的数值，将其与污染物超标倍数进行线性和非线性回归分析，结果如图 4-20 所示。

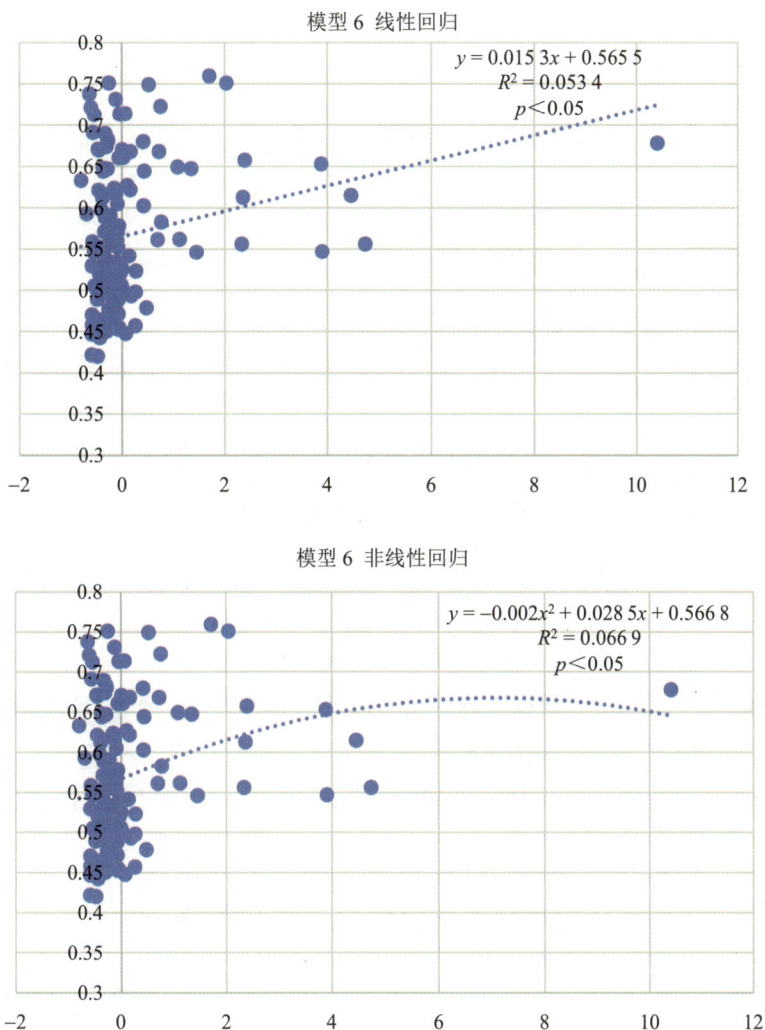

模型 6 线性回归

$y = 0.015\,3x + 0.565\,5$
$R^2 = 0.053\,4$
$p < 0.05$

模型 6 非线性回归

$y = -0.002x^2 + 0.028\,5x + 0.566\,8$
$R^2 = 0.066\,9$
$p < 0.05$

图 4-20　模型 6 回归分析

其中，非线性回归的相关系数（$R^2=0.066\,9$）大于线性回归的相关系数（$R^2=0.053\,4$），p 值均小于 0.05。

通过对以上 6 种模型的属地化验证，选取基于主客观权重的加权求和承载力综合指数计算模型，其是最优的模型计算水环境承载力。因此，本研究选取这种模型计算水环境承载力。

4.6.4　建立水环境承载力评价模型

水环境承载力指数值通过综合评价模型进行计算，即根据指标的重要性进行加权求和。使评价结果不再是具体含义的统计指标，而是以指数或分值表示参评水体"综合状况"的排序。评估综合指数值越接近 1，说明水环境承载力越高，反之越低。

$$R_{c} = \sum_{i=1}^{n} w_{i} \times x_{i}$$

式中，R_c 表示区域水环境承载力综合指数值；w_i 表示各评估指标的权重；x_i 表示各评估指标的标准化赋值。

4.7 水环境承载状态判别

4.7.1 承载状态判别方法

根据《资源环境承载能力监测预警技术方法（试行）》中的水环境承载力评估方法：基于污染物浓度超标指数，将评价结果划分为污染物浓度超标、接近超标和未超标三种类型。污染物浓度超标指数越小，表明区域环境系统对社会经济系统的支撑能力越强。通常，当 $R_j > 0$ 时，污染物浓度处于超标状态；当 R_j 在 $-0.3 \sim 0$ 时，污染物浓度处于接近超标状态；当 $R_j < -0.3$ 时，污染物浓度处于未超标状态。

运用阈值法判别水环境承载状态。采用加权求和的方法，计算出重点开发区、农产品主产区、重点生态功能区中的各地区的水环境承载力指数，将其与水污染浓度超标指数进行线性回归分析，求出其线性回归方程（$y=ax+b$）、回归系数（R）及显著性水平（p）。将 $x=0$、$x=-0.3$ 代入方程，求出 y_1 和 y_2，则 y_1 和 y_2 就是水环境承载力阈值。

4.7.2 京津冀县区水环境承载力阈值划分及状态判别

基于京津冀地区典型县区的水环境承载力综合指数与京津冀地区 13 个地级市（包括北京市和天津市）水环境承载力综合指数，按照 4.7.1 节中的方法，求解水环境承载力状态判别阈值，结果如图 4-21 所示。

➢ 县区水环境承载力状态判别阈值

阈 值	状 态
$R_c < 0.479\,4$	超载状态
$0.479\,4 < R_c < 0.543$	临界超载状态
$R_c > 0.543$	未超载状态

➢ 地级市水环境承载力状态判别阈值

阈 值	状 态
$R_c < 0.478$	超载状态
$0.478 < R_c < 0.491$	临界超载状态
$R_c > 0.491$	未超载状态

图 4-21 京津冀水环境承载力状态判别阈值

4.7.3 损耗指数计算方法

水环境承载力过程评价可通过水环境承载力损耗指数反映,该指数由水环境承载力现状指数与水环境承载力基准年指数两项指标构成。通过分析这两项指标之间的差异,计算得到水环境承载力损耗指数(R_j),即

$$R_j = \frac{R_i - R_s}{R_s}$$

式中,R_i 为水环境承载力现状指数;R_s 为水环境承载力基准年指数。

4.8 水环境承载力评估及变化趋势

4.8.1 京津冀地区地级及以上城市水环境承载力评估及变化趋势

4.8.1.1 水环境承载力评估

(1)指标计算

基于 4.2 节中对北京、天津及河北省 11 个地级市的数据收集整理,计算 2016—2018 年的评估指标值,见表 4-29~表 4-31。

(2)指标分级

按照 4.4 节方法对表 4-29~表 4-31 的指标值进行标准化,标准化结果见表 4-32~表 4-34。

(3)指标权重

采用主观赋权法(层次分析法)与客观赋权法(主成分分析)结合计算京津冀地区权重。基于 4.5 节中水环境承载力分三个类别:重点开发区、农产品主产区和重点生态功能区等,并且给出三个区的指标主客观权重。由于地级市没有明确的主体功能区,将每个指标的三个功能区的权重进行加和求平均值,即该指标的权重,见表 4-35。

表4-29 2016年京津冀水环境承载力评估指标

| 地区 | 水资源指数 | | | | 污染物排放强度指数 | | | | | 水环境质量指数 | | 水生态指数 | | | | 土地利用指数 | |
	水资源开发利用率/%	万元工业产值耗水量/(t/万元)	水域面积占比/%	人均水域面积/(m²/人)	农业氨氮/(kg/万元)	农业总磷/(kg/万元)	废水化学需氧量/(kg/万元)	废水氨氮/(kg/万元)	废水总磷/(kg/万元)	水质时间达标率/%	水质空间达标率/%	植被覆盖度岸岸线比/%	岸边林草带覆盖率/%	河流连通性	生态基流保障率	水质净化功能指数	城镇绿地占比/%
北京	151.04	9.44	1.95	13.57	0.15	0.031	0.27	0.021	0.007	49.28	50.00	62.28	53.23	99.76	0.46	94.07	49.13
天津	196.32	8.11	8.61	89.90	0.04	0.008	0.52	0.092	0.015	61.24	70.00	62.24	30.26	93.46	0.27	72.31	25.05
石家庄	187.30	25.64	1.08	18.42	0.11	0.018	0.37	0.062	0.004	65.97	66.67	36.34	36.34	99.88	0.30	74.44	22.12
唐山	166.87	3.74	5.97	95.68	0.00	0.000	0.22	0.018	0.003	56.56	50.00	59.47	42.34	99.90	0.28	80.47	18.76
秦皇岛	135.84	22.50	2.87	58.10	0.00	0.000	0.53	0.208	0.047	60.94	50.00	67.12	41.64	99.98	0.38	94.31	36.90
邯郸	164.67	17.48	0.99	12.84	0.14	0.048	0.24	0.025	0.005	88.89	100.00	32.27	24.70	99.81	0.30	81.63	17.33
邢台	175.22	10.63	0.81	9.77	0.20	0.041	0.34	0.013	0.004	33.33	25.00	28.28	23.64	99.82	0.29	76.91	16.34
保定	161.14	18.80	1.35	27.17	0.14	0.034	0.55	0.009	0.005	35.08	30.00	33.36	30.59	99.92	0.34	85.03	26.55
张家口	91.94	23.91	0.50	35.99	0.13	0.026	0.34	0.033	0.003	94.00	100.00	53.46	47.24	99.66	0.48	118.39	60.48
承德	54.79	28.88	0.56	37.19	1.15	0.192	0.24	0.013	0.003	82.91	100.00	67.58	43.65	99.89	0.73	144.69	78.50
沧州	163.62	7.72	3.82	76.71	0.21	0.043	0.17	0.007	0.005	18.92	0.00	17.22	37.68	99.97	0.29	81.40	13.24
廊坊	177.94	11.54	1.85	26.67	0.11	0.037	0.12	0.016	0.005	4.85	0.00	62.95	63.51	99.95	0.29	74.95	21.76
衡水	171.73	17.41	1.27	24.33	0.00	0.000	0.58	0.048	0.013	58.33	66.67	20.07	27.38	99.77	0.28	77.46	11.88

表4-30 2017年京津冀水环境承载力评估指标

地区	水资源指数				污染物排放强度指数					水环境质量指数		水生态指数				土地利用指数	
					农业		废水										
	水资源开发利用率/%	万元工业产值耗水量/(t/万元)	水域面积占比/%	人均水域面积/(m²/人)	氨氮/(kg/万元)	总磷/(kg/万元)	化学需氧量/(kg/万元)	氨氮/(kg/万元)	总磷/(kg/万元)	水质时间达标率/%	水质空间达标率/%	植被覆盖度岸线比/%	岸边林草带覆盖率/%	河流连通性	生态基流保障率	水质净化功能指数	城镇绿地占比/%
北京	147.55	8.19	0.02	14.15	0.06	0.0117	0.27	0.021	0.005	60.80	62.50	62.27	53.09	99.66	0.45	95.62	49.64
天津	204.44	8.03	0.08	93.60	0.09	0.0218	0.46	0.080	0.013	57.99	65.00	69.03	52.70	96.69	0.24	68.78	24.32
石家庄	190.22	10.63	0.01	17.28	0.12	0.0201	0.28	0.014	0.003	81.52	80.00	36.21	36.21	99.95	0.29	73.26	22.29
唐山	169.29	4.29	0.06	101.36	0.00	0.0000	0.21	0.012	0.003	63.96	62.50	58.58	42.80	99.98	0.27	79.50	18.71
秦皇岛	141.15	24.09	0.03	71.04	0.00	0.0001	0.41	0.092	0.016	62.90	66.67	67.17	41.58	99.96	0.35	91.70	36.53
邯郸	167.37	25.88	0.01	14.30	0.18	0.0301	0.21	0.008	0.003	90.00	100.00	37.14	37.14	99.98	0.29	80.48	17.80
邢台	176.86	14.35	0.01	15.65	0.08	0.0206	0.27	0.011	0.004	53.33	50.00	29.73	22.26	99.92	0.28	76.19	17.14
保定	163.90	21.10	0.01	26.43	0.15	0.0248	0.66	0.013	0.006	34.32	30.00	34.04	34.04	99.97	0.32	83.76	26.63
张家口	93.08	22.25	0.01	54.92	0.15	0.0508	0.66	0.047	0.005	76.11	100.00	52.21	46.37	99.98	0.46	117.75	60.14
承德	55.25	28.56	0.01	63.49	1.02	0.1698	0.19	0.018	0.003	63.68	61.54	66.63	43.04	99.99	0.69	144.32	78.35
沧州	168.52	10.19	0.04	68.09	0.22	0.0562	0.15	0.006	0.002	35.66	33.33	23.80	44.88	99.97	0.27	144.32	14.51
廊坊	183.48	10.98	0.02	26.34	0.12	0.0207	0.10	0.003	0.003	34.88	14.29	63.28	63.28	100.00	0.25	72.66	22.39
衡水	173.34	15.50	0.01	27.84	0.00	0.0000	0.39	0.027	0.007	64.47	40.00	22.94	25.63	99.91	0.26	76.82	12.23

表4-31 2018年京津冀水环境承载力评估指标

地区	水资源指数				污染物排放强度指数					水环境质量指数		水生态指数				土地利用指数	
					农业		废水										
	水资源开发利用率/%	万元工业产值耗水量/(t/万元)	水域面积占比/%	人均水域面积/(m²/人)	氨氮/(kg/万元)	总磷/(kg/万元)	化学需氧量/(kg/万元)	氨氮/(kg/万元)	总磷/(kg/万元)	水质时间达标率/%	水质空间达标率/%	植被覆盖度岸线比/%	岸边林草带覆盖率/%	河流连通性	生态基流保障率	水质净化功能指数	城镇绿地占比/%
北京	149.59	7.45	2.18	16.57	0.04	0.008 4	0.18	0.012	0.002	74.69	72.00	63.28	53.42	99.62	0.44	94.76	49.73
天津	209.98	7.81	8.28	63.41	0.05	0.008 6	0.42	0.072	0.012	77.05	85.00	68.39	52.98	96.23	0.23	66.13	23.72
石家庄	191.52	10.24	1.17	16.72	0.10	0.023 8	0.14	0.005	0.001	86.11	100.00	52.15	29.23	99.85	0.29	72.72	22.36
唐山	170.88	4.19	5.99	98.91	0.00	0.000 0	0.11	0.006	0.001	86.46	87.50	52.15	29.23	99.85	0.27	72.72	22.36
秦皇岛	143.59	14.51	2.78	68.23	0.00	0.000 1	0.38	0.110	0.003	73.61	83.33	66.22	40.76	99.78	0.35	90.54	36.20
邯郸	167.61	14.31	1.16	14.76	0.19	0.037 3	0.21	0.009	0.004	88.03	100.00	36.91	26.00	99.77	0.29	80.38	18.07
邢台	179.01	12.46	0.95	16.39	0.04	0.007 0	0.19	0.008	0.003	45.83	75.00	24.83	24.00	99.70	0.27	75.34	17.03
保定	166.81	15.49	1.35	25.32	0.13	0.031 4	0.38	0.016	0.002	40.00	0.54	40.00	31.61	99.88	0.31	82.43	27.21
张家口	94.81	22.43	0.68	55.04	0.15	0.075 3	0.66	0.037	0.008	76.44	100.00	52.57	46.50	99.59	0.45	116.75	59.92
承德	55.88	3.29	0.62	68.03	1.06	0.211 7	0.28	0.021	0.002	75.41	84.62	65.25	42.26	99.86	0.69	143.84	78.01
沧州	170.09	7.90	3.82	67.49	0.23	0.038 1	0.17	0.005	0.002	54.17	75.00	15.33	39.01	99.89	0.27	78.77	14.57
廊坊	183.95	9.84	1.84	25.52	0.13	0.032 5	0.06	0.002	0.001	67.86	57.14	65.06	43.02	99.94	0.25	72.49	23.79
衡水	174.72	12.07	1.44	28.39	0.00	0.000 0	0.55	0.029	0.009	79.17	100.00	20.15	26.90	99.74	0.26	76.23	12.48

水环境承载力评估技术 4

表4-32 2016年京津冀水环境承载力评估指标分级赋分

| 地区 | 水资源指数 | | | | 污染物排放强度指数 | | | | | 水环境质量指数 | | 水生态指数 | | | | 土地利用指数 | |
| | | | | | 农业 | | 废水 | | | | | | | | | | |
	水资源开发利用率/%	万元工业产值耗水量/(t/万元)	水域面积占比/%	人均水域面积/(m²/人)	氨氮/(kg/万元)	总磷/(kg/万元)	化学需氧量/(kg/万元)	氨氮/(kg/万元)	总磷/(kg/万元)	水质时间达标率/%	水质空间达标率/%	植被覆盖盖岸线比/%	岸边林草带覆盖率/%	河流连通性	生态基流保障率	水质净化功能指数	城镇绿地占比/%
北京	0.05	0.81	0.59	0.14	0.49	0.38	0.46	0.74	0.29	0.16	0.17	0.62	0.53	0.20	0.46	0.50	0.72
天津	0.00	0.84	0.92	0.57	0.75	0.84	0.17	0.43	0.11	0.22	0.40	0.62	0.30	0.19	0.27	0.39	0.40
石家庄	0.00	0.51	0.42	0.18	0.59	0.65	0.26	0.55	0.61	0.32	0.33	0.36	0.36	0.20	0.30	0.40	0.36
唐山	0.02	0.93	0.85	0.59	1.00	1.00	0.57	0.76	0.69	0.19	0.17	0.59	0.42	0.20	0.28	0.43	0.32
秦皇岛	0.07	0.54	0.69	0.46	0.98	0.99	0.17	0.20	0.00	0.20	0.17	0.67	0.42	0.32	0.38	0.50	0.56
邯郸	0.03	0.58	0.39	0.13	0.51	0.18	0.53	0.72	0.54	0.78	1.00	0.32	0.25	0.20	0.30	0.43	0.30
邢台	0.01	0.77	0.33	0.10	0.40	0.20	0.31	0.78	0.57	0.11	0.08	0.28	0.24	0.20	0.29	0.41	0.28
保定	0.03	0.57	0.47	0.27	0.53	0.32	0.16	0.82	0.45	0.12	0.10	0.33	0.31	0.20	0.34	0.45	0.42
张家口	0.15	0.53	0.20	0.36	0.54	0.49	0.32	0.68	0.74	0.88	1.00	0.53	0.47	0.20	0.48	0.62	0.81
承德	0.27	0.49	0.23	0.37	0.18	0.00	0.51	0.78	0.65	0.66	1.00	0.68	0.44	0.20	0.73	0.77	0.84
沧州	0.03	0.85	0.78	0.52	0.40	0.19	0.65	0.87	0.46	0.06	0.00	0.17	0.38	0.20	0.29	0.43	0.24
廊坊	0.00	0.74	0.57	0.27	0.58	0.27	0.77	0.77	0.46	0.02	0.00	0.63	0.64	0.20	0.29	0.40	0.36
衡水	0.01	0.58	0.45	0.24	1.00	1.00	0.16	0.61	0.14	0.19	0.33	0.20	0.27	0.20	0.28	0.41	0.23

123

表4-33 2017年京津冀水环境承载力评估指标分级赋分

| 地区 | 水资源指数 | | | | 污染物排放强度指数 | | | | | 水环境质量指数 | | 水生态指数 | | | | 土地利用指数 | |
| | | | | | 农业 | | 废水 | | | | | | | | | | |
	水资源开发利用率/%	万元工业产值耗水量/(t/万元)	水域面积占比/%	人均水域面积/(m²/人)	氨氮/(kg/万元)	总磷/(kg/万元)	化学需氧量/(kg/万元)	氨氮/(kg/万元)	总磷/(kg/万元)	水质时间达标率/%	水质空间达标率/%	植被覆盖覆岸线比/%	岸边林草带覆盖率/%	河流连通性	生态基流保障率	水质净化功能指数	城镇绿地占比/%
北京	0.05	0.84	0.60	0.14	0.70	0.77	0.46	0.74	0.47	0.22	0.25	0.62	0.53	0.20	0.45	0.50	0.73
天津	0.00	0.84	0.91	0.58	0.63	0.56	0.19	0.48	0.13	0.19	0.30	0.69	0.53	0.19	0.24	0.38	0.39
石家庄	0.00	0.77	0.43	0.17	0.56	0.60	0.43	0.78	0.71	0.63	0.60	0.36	0.36	0.20	0.29	0.39	0.36
唐山	0.02	0.91	0.85	0.60	1.00	1.00	0.58	0.79	0.68	0.28	0.25	0.59	0.43	0.47	0.27	0.42	0.32
秦皇岛	0.06	0.53	0.69	0.50	0.99	1.00	0.20	0.43	0.10	0.29	0.33	0.67	0.42	0.20	0.35	0.48	0.55
邯郸	0.02	0.51	0.42	0.14	0.44	0.40	0.58	0.84	0.66	0.80	1.00	0.37	0.37	0.34	0.29	0.43	0.30
邢台	0.01	0.63	0.36	0.16	0.64	0.59	0.46	0.80	0.62	0.18	0.17	0.30	0.22	0.20	0.28	0.41	0.30
保定	0.03	0.55	0.48	0.26	0.50	0.50	0.13	0.78	0.36	0.11	0.10	0.34	0.34	0.23	0.32	0.44	0.42
张家口	0.14	0.54	0.27	0.45	0.50	0.17	0.14	0.62	0.54	0.52	1.00	0.52	0.46	0.38	0.46	0.62	0.81
承德	0.26	0.49	0.23	0.48	0.20	0.00	0.61	0.76	0.73	0.27	0.23	0.67	0.43	0.60	0.69	0.77	0.84
沧州	0.02	0.79	0.78	0.49	0.39	0.16	0.70	0.88	0.80	0.12	0.11	0.24	0.45	0.20	0.27	0.77	0.26
廊坊	0.00	0.76	0.56	0.26	0.55	0.59	0.80	0.94	0.67	0.12	0.05	0.63	0.63	1.00	0.25	0.39	0.37
衡水	0.01	0.60	0.48	0.28	1.00	1.00	0.21	0.72	0.35	0.29	0.13	0.23	0.26	0.20	0.26	0.41	0.23

表 4-34 2018 年京津冀水环境承载力评估指标分级赋分

| 地区 | 水资源指数 | | | | 污染物排放强度指数 | | | | | 水环境质量指数 | | 水生态指数 | | | | 土地利用指数 | |
| | | | | | 农业 | | 废水 | | | | | | | | | | |
	水资源开发利用率/%	万元工业产值耗水量/(t/万元)	水域面积占比/%	人均水域面积/(m²/人)	氨氮/(kg/万元)	总磷/(kg/万元)	化学需氧量/(kg/万元)	氨氮/(kg/万元)	总磷/(kg/万元)	水质时间达标率/%	水质空间达标率/%	植被覆盖度岸线比/%	岸边林草带覆盖率/%	河流连通性	生态基流保障率	水质净化功能指数	城镇绿地占比/%
北京	0.05	0.85	0.62	0.17	0.75	0.83	0.64	0.79	0.75	0.49	0.44	0.63	0.53	0.20	0.44	0.50	0.73
天津	0.00	0.84	0.91	0.48	0.72	0.83	0.19	0.51	0.15	0.54	0.70	0.68	0.53	0.19	0.23	0.37	0.38
石家庄	0.00	0.79	0.43	0.17	0.61	0.52	0.72	0.89	0.81	0.72	1.00	0.52	0.29	0.20	0.29	0.39	0.36
唐山	0.02	0.92	0.85	0.60	1.00	1.00	0.78	0.88	0.81	0.73	0.75	0.52	0.29	0.20	0.27	0.39	0.36
秦皇岛	0.06	0.62	0.68	0.49	1.00	1.00	0.23	0.38	0.71	0.47	0.67	0.66	0.41	0.20	0.35	0.48	0.55
邯郸	0.02	0.63	0.43	0.15	0.43	0.25	0.58	0.82	0.64	0.76	1.00	0.37	0.26	0.20	0.29	0.43	0.31
邢台	0.00	0.70	0.38	0.16	0.74	0.86	0.62	0.84	0.68	0.15	0.50	0.25	0.24	0.20	0.27	0.40	0.29
保定	0.02	0.60	0.47	0.25	0.55	0.37	0.24	0.77	0.76	0.13	0.13	0.37	0.32	0.20	0.31	0.44	0.43
张家口	0.14	0.54	0.27	0.45	0.50	0.11	0.14	0.67	0.24	0.53	1.00	0.53	0.47	0.20	0.45	0.61	0.81
承德	0.25	0.93	0.25	0.49	0.19	0.00	0.44	0.74	0.77	0.51	0.69	0.65	0.42	0.20	0.69	0.76	0.84
沧州	0.02	0.84	0.78	0.49	0.39	0.24	0.65	0.89	0.80	0.18	0.50	0.15	0.39	0.20	0.27	0.42	0.26
廊坊	0.00	0.80	0.57	0.26	0.54	0.35	0.88	0.96	0.81	0.36	0.19	0.65	0.43	0.20	0.25	0.39	0.38
衡水	0.01	0.72	0.49	0.28	1.00	1.00	0.16	0.70	0.19	0.69	1.00	0.20	0.27	0.20	0.26	0.41	0.23

表 4-35　北京、天津及河北地级市水环境承载力权重

评价指标			重点开发区	农产品主产区	重点生态功能区	平均值
水资源指数（A）	水资源开发利用率（A_1）		0.025 9	0.104 3	0.014 6	0.048
	万元工业增加值用水量（A_2）		0.047 9	0.041 1	0.009 8	0.033
	水域面积占比（A_3）		0.014 7	0.231 1	0.025 6	0.090
	人均水域面积（A_4）		0.021 3	0.080 7	0.029 8	0.044
排放强度指数（B）	农业排放强度	农业 $NH_3\text{-}N$ 排放强度（B_2）	0.035 9	0.086 2	0.010 8	0.044
		农业 TP 排放强度（B_3）	0.022 9	0.088 3	0.009 9	0.040
	废水排放强度	废水 COD 排放强度（B_4）	0.186 7	0.057 1	0.013 8	0.086
		废水 $NH_3\text{-}N$ 排放强度（B_5）	0.120 0	0.039 4	0.012 9	0.057
		废水 TP 排放强度（B_6）	0.078 8	0.023 9	0.007 7	0.037
水环境质量指数（C）	水质时间达标率（C_1）		0.150 4	0.052 0	0.183 1	0.129
	水质空间达标率（C_2）		0.151 5	0.052 4	0.190 6	0.132
水生态指数（D）	植被覆盖岸线比（D_1）		0.015 0	0.012 5	0.046 4	0.025
	岸边林草带覆盖率（D_2）		0.016 0	0.010 6	0.050 3	0.026
	河流连通性（D_3）		0.008 4	0.015 9	0.030 4	0.018
	生态基流保障率（D_4）		0.025 4	0.016 4	0.153 9	0.065
土地利用指数（E）	水质净化指数（E_2）		0.023 3	0.062 2	0.168 2	0.085
	城镇绿地面积（E_3）		0.056 1	0.025 9	0.042 0	0.041

（4）指数计算

基于 4.6 节，利用加权求和的方法，计算北京、天津及河北地级市水环境承载力指数，见表 4-36。

表 4-36　2016—2018 年京津冀地级市水环境承载力指数

城市名称	2016 年	2017 年	2018 年
北京	0.396 2	0.447 5	0.543 7
天津	0.421 2	0.397 0	0.505 5
石家庄	0.366 7	0.478 2	0.579 2
唐山	0.479 4	0.508 8	0.647 5
秦皇岛	0.383 4	0.433 1	0.523 1
邯郸	0.516 6	0.547 8	0.533 3
邢台	0.285 4	0.346 8	0.424 5
保定	0.313 8	0.311 7	0.336 6
张家口	0.586 4	0.510 6	0.496 8
承德	0.582 5	0.451 4	0.536 4
沧州	0.362 1	0.427 8	0.454 8
廊坊	0.355 8	0.419 3	0.454 9
衡水	0.356 7	0.364 7	0.523 1

（5）指数校验

基于承载力的内涵：某地区、某时间、某种状态下水环境对人类活动的支持能力。基于压力-状态-响应关系或自然-经济-社会和谐发展状态，承载能力表现水环境质量，因此，可以将承载力指数与污染物超标倍数进行回归分析，对水环境承载力指数进行校验。

承载力指数与污染物超标倍数回归分析，如图 4-22 所示。承载力指数与污染物超标倍数线性回归的 $R^2=0.397\ 1$，$p<0.01$，表明两者相关性较显著。承载力指数与污染物超标倍数非线性回归的 $R^2=0.417\ 2$，$p<0.01$，表明两者相关性非常显著。

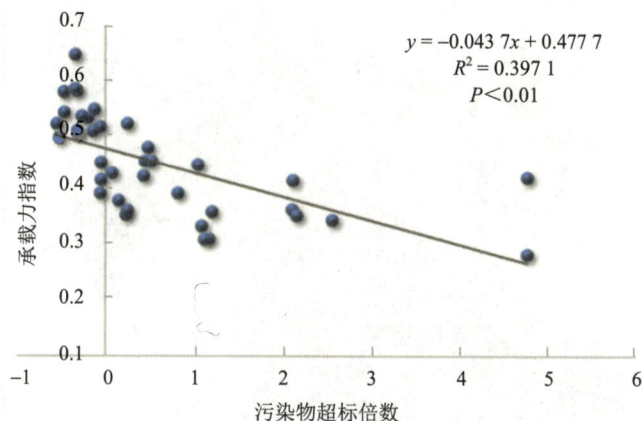

$y=-0.043\ 7x+0.477\ 7$
$R^2=0.397\ 1$
$P<0.01$

线性回归

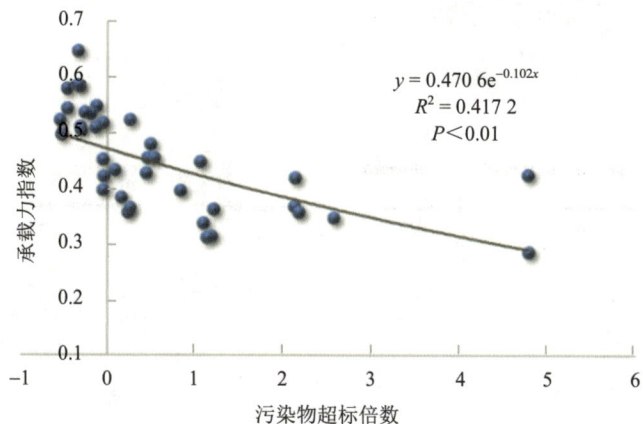

$y=0.470\ 6e^{-0.102x}$
$R^2=0.417\ 2$
$P<0.01$

非线性回归

图 4-22　承载力指数与污染物超标倍数回归分析

（6）状态判别

基于 4.7.1 节，当 $x=0$ 时，$y=0.478$；当 $x=-0.3$ 时，$y=0.491$。当 $R^2>0.491$ 时，水环境承载力处于不超载状态；当 $R^2<0.478$ 时，水环境承载力处于超载状态；当 $0.478<$

$R^2<0.491$ 时，水环境承载力处于临界超载状态。2016—2017 年北京、天津及河北地级市水环境承载状态分别如图 4-23～图 4-25 所示。

（7）水环境承载力评估

2016 年，水环境承载力处于超载状态有北京市、天津市、石家庄市、秦皇岛市、邢台市、保定市、沧州市、廊坊市和衡水市，占 69.2%；临界超载的有唐山市，占 7.7%；未超载地区有邯郸市、张家口市和承德市，占 23.1%。

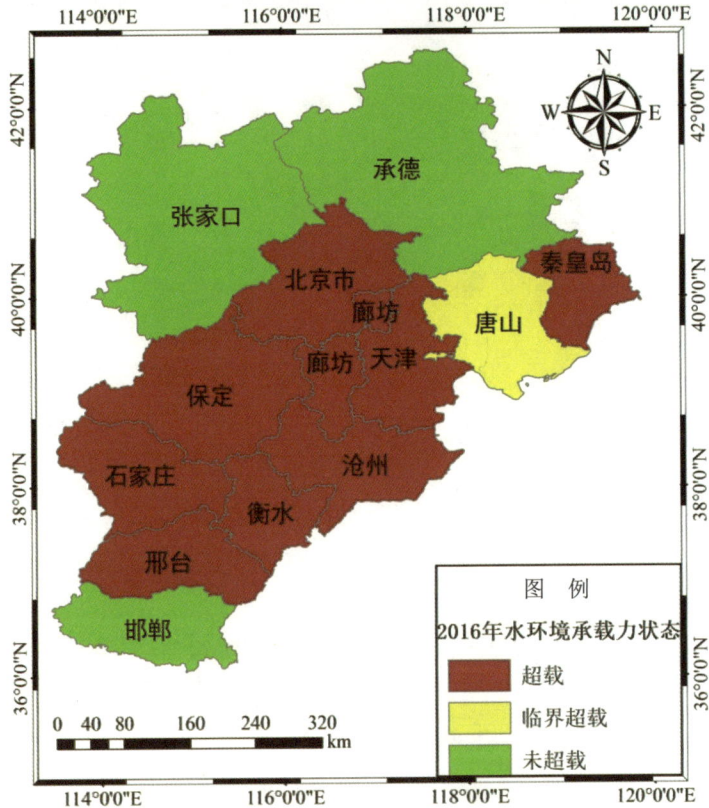

图 4-23　2016 年北京、天津及河北各地级市水环境承载力状态

2017 年，超载地区有北京市、天津市、秦皇岛市、邢台市、保定市、承德市、沧州市、廊坊市和衡水市，占 69.2%；临界超载地区有石家庄市，占 7.7%；未超载地区为唐山市、邯郸市和张家口市，占 23.1%。尽管 2017 年水环境承载力状态占比情况与 2016 年相同，但是承德市由 2016 年的未超载到 2017 年的超载，唐山市由 2016 年的临界超载到 2017 年的未超载，石家庄市由 2016 年的超载到 2017 年的临界超载。

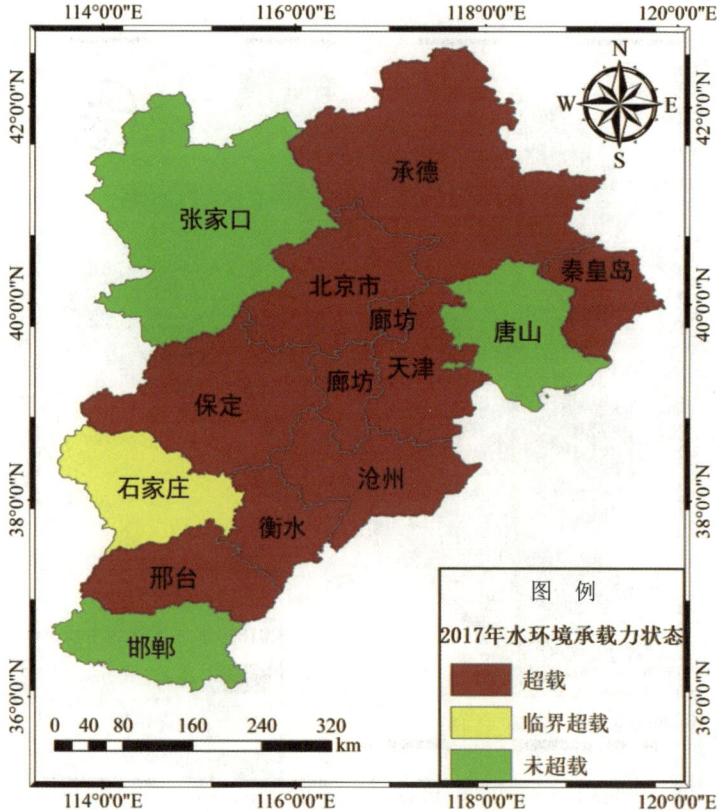

图 4-24　2017 年北京、天津及河北各地级市水环境承载力状态

2018 年，超载地区有邢台市、保定市、沧州市和廊坊市，占 30.8%，未超载地区有北京市、天津市、石家庄市、唐山市、秦皇岛市、邯郸市、张家口市、承德市和衡水市，占 69.2%。

总体上，2016—2018 年，在京津冀 13 个地级以上城市中，临界超载状态的城市在 2016—2017 年各仅有 1 个，而 2018 年没有临界超载的城市，表明 13 个城市中水环境承载状态处于两头，中间过渡少，缺乏缓冲。2016—2017 年水环境承载状态比重不变，而 2017—2018 年，这归因于水质时间达标率和空间达标率的影响。2016—2017 年，13 个城市的水质时间达标率由 54.48% 提升到 59.97%，水质空间达标率由 46.36% 提升到 58.91%，总体提升幅度不大，对水环境承载力影响较小。2016—2018 年，13 个城市的水质时间达标率由 54.48% 提升到 78.47%，水质空间达标率由 46.36% 提升到 47.87%，总体提升幅度较大，对水环境承载力影响较大。因此，水环境承载力评估的状态指标具有时效性，而压力与响应指标具有延迟性。

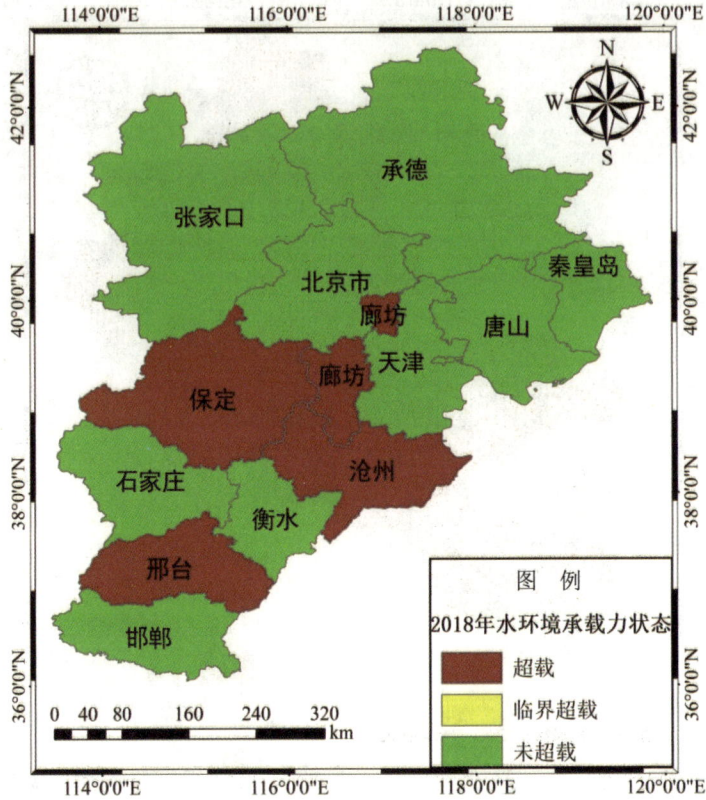

图 4-25　2018 年北京、天津及河北各地级市水环境承载力状态

4.8.1.2　水环境承载力变化趋势

根据 4.7.2 节水环境承载力损耗指数计算方法，以 2016 年为基准年，分别计算京津冀 2017 年和 2018 年水环境承载力损耗指数，对水环境承载力进行过程评估。表 4-37 为 2017—2018 年京津冀地级市水环境承载力损耗指数。2017 年，水环境承载力指数损耗指数为负值的有天津、保定、张家口和承德 4 个城市，占比 30.77%，表明以上城市水环境承载力指数下降，承载能力有所下降；水环境承载力损耗指数为正数的城市包括北京、石家庄、唐山、秦皇岛、邯郸、邢台、沧州、廊坊和衡水，占比 69.23%，表明以上城市承载力指数上升，承载能力有所上升。

2018 年，水环境承载力指数损耗指数为负值的有张家口和承德两个城市，占比 15.38%，对比 2016 年天津和保定的承载力损耗指数由负值变为正值；水环境承载力损耗指数为正数的包括北京、天津、石家庄、唐山、秦皇岛、邯郸、邢台、保定、沧州、廊坊和衡水等 11 个城市，占比 84.62%，表明水环境承载能力有所提升。

表4-37　2017—2018年京津冀地级市水环境承载力损耗指数

城市	承载力指数 2016年	承载力指数 2017年	承载力指数 2018年	损耗指数 2017年	损耗指数 2018年
北京	0.396 2	0.447 5	0.543 7	0.129 4	0.372 1
天津	0.421 2	0.397 0	0.505 5	−0.057 5	0.200 1
石家庄	0.366 7	0.478 2	0.579 2	0.304 1	0.579 4
唐山	0.479 4	0.508 8	0.647 5	0.061 4	0.350 7
秦皇岛	0.383 4	0.433 1	0.523 1	0.129 8	0.364 5
邯郸	0.516 6	0.547 8	0.533 3	0.060 3	0.032 2
邢台	0.285 4	0.346 8	0.424 5	0.215 2	0.487 4
保定	0.313 8	0.311 7	0.336 6	−0.006 8	0.072 4
张家口	0.586 4	0.510 6	0.496 8	−0.129 2	−0.152 8
承德	0.582 5	0.451 4	0.536 4	−0.225 0	−0.079 2
沧州	0.362 1	0.427 8	0.454 8	0.181 5	0.256 1
廊坊	0.355 8	0.419 3	0.454 9	0.178 3	0.278 4
衡水	0.356 7	0.364 7	0.523 1	0.022 4	0.466 4

4.8.2　典型县区水环境承载力现状评估及变化趋势

4.8.2.1　水环境承载力评估

基于4.6.4节的模型，利用加权求和的方法，计算京津冀地区典型县区2016—2018年水环境承载力综合指数；根据承载力状态判别阈值进行状态判别，结果见表4-38～表4-40。

2016年，43个县区中超载的有18个、临界超载的有7个、未超载的有18个；2017年，43个县区超载的有30个、临界超载的有8个、未超载的有21个；2018年，43个县区中超载的有18个、临界超载的有6个、未超载的有19个。2017年43个县区的水环境承载能力整体下降，2018年43个县区的水环境承载力能力整体上升，略好于2016年。

表4-38　2016年京津冀典型县区水环境承载力指数

地市	县区	主体功能区	指数	地市	县区	主体功能区	指数
保定市	安新县	农产品主产区	0.469 7	秦皇岛市	昌黎县	重点开发区	0.184 3
	定兴县	农产品主产区	0.286 8		抚宁区	重点生态功能区	0.524 7
	莲池区	重点开发区	0.418 4		海港区	重点开发区	0.497 7
	唐县	重点生态功能区	0.657 1		卢龙县	农产品主产区	0.542 4
沧州市	泊头市	农产品主产区	0.399 0		青龙满族自治县	重点生态功能区	0.650 6
	黄骅市	重点开发区	0.571 2		山海关区	重点开发区	0.570 3
					北戴河区	重点开发区	0.334 4

地市	县区	主体功能区	指数	地市	县区	主体功能区	指数
承德市	承德县	重点生态功能区	0.678 4	石家庄市	平山县	重点生态功能区	0.749 6
	宽城满族自治县	重点生态功能区	0.748 7		深泽县	农产品主产区	0.335 0
	隆化县	农产品主产区	0.439 4		辛集市	重点开发区	0.504 3
	平泉县	农产品主产区	0.384 2		赵县	农产品主产区	0.240 0
	双滦区	重点开发区	0.752 4	唐山市	丰南区	重点开发区	0.640 4
	双桥区	重点开发区	0.572 5		乐亭县	重点开发区	0.733 1
	兴隆县	重点生态功能区	0.694 4		滦县	重点开发区	0.741 1
	鹰手营子矿区	重点开发区	0.491 4		迁西县	重点生态功能区	0.541 6
邯郸市	磁县	农产品主产区	0.609 9		玉田县	农产品主产区	0.536 1
衡水市	阜城县	农产品主产区	0.296 4		遵化市	重点开发区	0.804 2
	饶阳县	农产品主产区	0.353 7	邢台市	宁晋县	农产品主产区	0.450 5
	武强县	农产品主产区	0.368 3		任县	农产品主产区	0.328 1
廊坊市	安次区	重点开发区	0.257 1	张家口市	怀安县	重点生态功能区	0.668 7
	霸州市	重点开发区	0.261 3		怀来县	重点生态功能区	0.572 4
	三河市	重点开发区	0.384 4		涿鹿县	重点生态功能区	0.711 9

注：表中颜色表示水环境承载状态，其中，红色为超载，黄色为临界超载，绿色为未超载。

2016 年，15 个农产品主产区中超载的县区有 12 个，占 80%；临界超载的县区有 2 个，占 13%；未超载的县区仅有 1 个，占 7%。17 个重点开发区中超载的县区有 6 个，占 35.3%；临界超载的区县有 3 个，占 17.6%；未超载的县区有 8 个，占 47%（表 4-40）。11 个重点生态功能区中临界超载的县区有 2 个，占 18%；未超载的县区有 9 个，占 81%。总体上，重点生态功能区水环境承载能力最高，其次是重点开发区，农业主产区最低（图 4-26）。

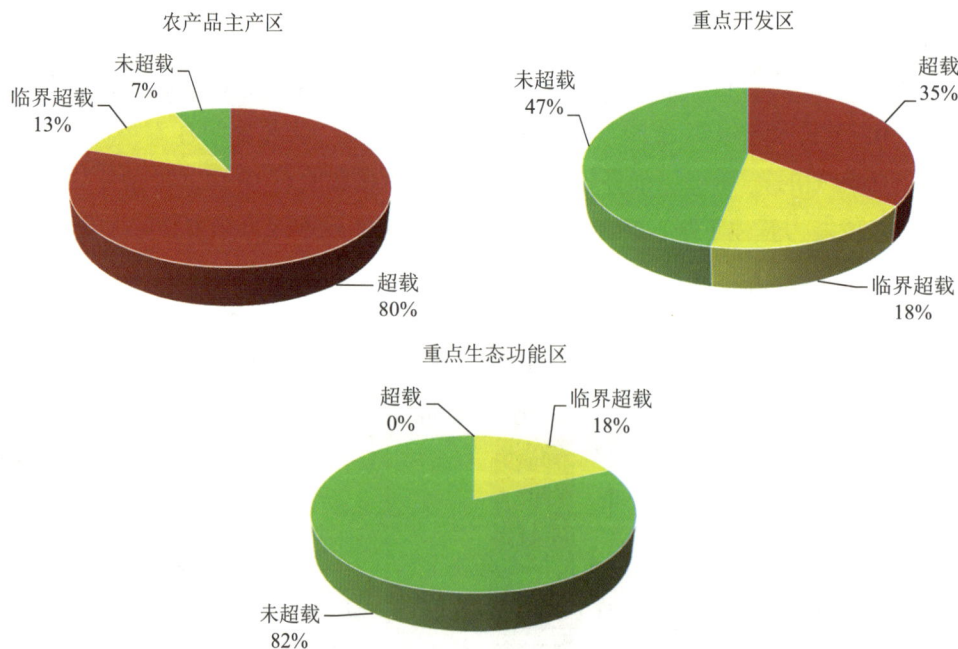

图 4-26　2016 年京津冀典型县区主体功能区水环境承载力状态占比

表 4-39　2017 年京津冀典型县区水环境承载力指数

地市	县区	主体功能区	指数	地市	县区	主体功能区	指数
保定市	安新县	农产品主产区	0.547 7	石家庄市	深泽县	农产品主产区	0.391 3
	定兴县	农产品主产区	0.366 6		辛集市	重点开发区	0.293 3
	莲池区	重点开发区	0.410 6		赵县	农产品主产区	0.346 9
	唐县	重点生态功能区	0.611 3		平山县	重点生态功能区	0.784 7
沧州市	泊头市	农产品主产区	0.494 9	邢台市	宁晋县	农产品主产区	0.392 9
	黄骅市	重点开发区	0.479 7		任县	农产品主产区	0.330 6
承德市	承德县	重点生态功能区	0.642 6	张家口市	怀安县	重点生态功能区	0.515 8
	宽城满族自治县	重点生态功能区	0.745 2		怀来县	重点生态功能区	0.545 7
	隆化县	农产品主产区	0.425 4		涿鹿县	重点生态功能区	0.709 9
	平泉县	农产品主产区	0.400 0	唐山市	丰南区	重点开发区	0.756 6
	双滦区	重点开发区	0.736 2		乐亭县	重点开发区	0.656 6
	双桥区	重点开发区	0.512 9		滦县	重点开发区	0.778 5
	兴隆县	重点生态功能区	0.621 7		迁西县	重点生态功能区	0.574 9
	鹰手营子矿区	重点开发区	0.533 6		玉田县	农产品主产区	0.528 5
邯郸市	磁县	农产品主产区	0.599 6		遵化市	重点开发区	0.799 5
衡水市	阜城县	农产品主产区	0.383 4	天津市	宝坻区	重点开发区	0.191 9
	饶阳县	农产品主产区	0.319 0		北辰区	重点开发区	0.360 1
	武强县	农产品主产区	0.445 9		滨海新区	重点开发区	0.212 2
廊坊市	安次区	重点开发区	0.305 8		东丽区	重点开发区	0.252 0
	霸州市	重点开发区	0.304 8		和平区	重点开发区	0.299 6
	三河市	重点开发区	0.750 0		河北区	重点开发区	0.418 9
秦皇岛市	北戴河区	重点开发区	0.370 0		河东区	重点开发区	0.215 8
	昌黎县	重点开发区	0.440 1		河西区	重点开发区	0.199 4
	抚宁区	重点生态功能区	0.823 5		红桥区	重点开发区	0.288 6
	海港区	重点开发区	0.524 1		蓟州区	重点生态功能区	0.561 5
	卢龙县	农产品主产区	0.764 5		津南区	重点开发区	0.496 0
	青龙满族自治县	重点生态功能区	0.872 1		静海区	重点开发区	0.189 7
	山海关区	重点开发区	0.760 0		南开区	重点开发区	0.295 7
					宁河区	重点生态功能区	0.386 0
					武清区	重点开发区	0.443 3
					西青区	重点开发区	0.373 6

注：表中颜色表示水环境承载状态，其中，红色为超载，黄色为临界超载，绿色为未超载。

2017 年，15 个农产品主产区中超载的县区有 10 个，占 66.7%；临界超载的县区有 2 个，占 13.3%；未超载的县区有 3 个，占 20.0%。31 个重点开发区中超载的县区有 19 个，占 61.3%；临界超载的区县有 5 个，占 16.1%；未超载的县区有 7 个，占 22.6%（表 4-41）。12 个重点生态功能区中超载的县区有 1 个，占 8.3%；临界超载的县区有 1 个，占 8.3%；未超载的县区有 10 个，占 83.4%。总体上，重点生态功能区水环境承载能力最高，其次是重点开发区，农业主产区最低（图 4-27）。

（a）农产品主产区

（b）重点开发区

（c）重点生态功能区

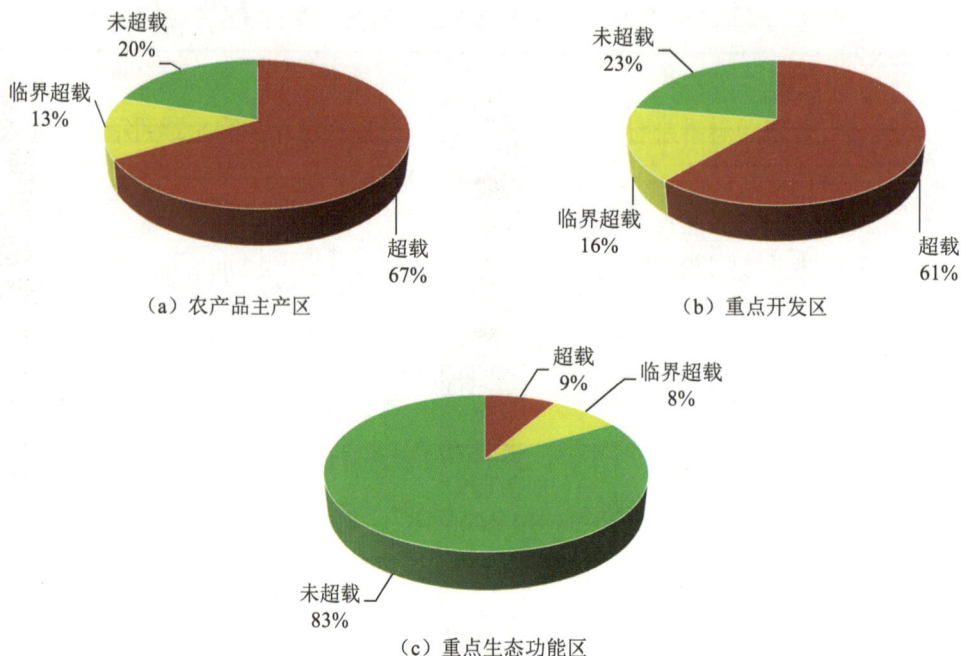

图 4-27　2017 年京津冀典型县区主体功能区水环境承载力状态占比

表 4-40　2018 年京津冀典型县区水环境承载力指数

地市	县区	主体功能区	指数	地市	县区	主体功能区	指数
保定市	安新县	农产品主产区	0.526 9	秦皇岛市	昌黎县	重点开发区	0.324 0
	定兴县	农产品主产区	0.414 4		抚宁区	重点生态功能区	0.551 1
	莲池区	重点开发区	0.592 3		海港区	重点开发区	0.295 9
	唐县	重点生态功能区	0.518 1		卢龙县	农产品主产区	0.532 7
沧州市	泊头市	农产品主产区	0.424 3		青龙满族自治县	重点生态功能区	0.741 2
	黄骅市	重点开发区	0.517 3		山海关区	重点开发区	0.376 1
承德市	承德县	重点生态功能区	0.632 2		北戴河区	重点开发区	0.344 0
	宽城满族自治县	重点生态功能区	0.739 2	石家庄市	平山县	重点生态功能区	0.768 9
	隆化县	农产品主产区	0.369 7		深泽县	农产品主产区	0.372 4
	平泉县	农产品主产区	0.391 6		辛集市	重点开发区	0.607 5
	双滦区	重点开发区	0.755 9		赵县	农产品主产区	0.185 2
	双桥区	重点开发区	0.538 9	唐山市	丰南区	重点开发区	0.810 2
	兴隆县	重点生态功能区	0.625 9		乐亭县	重点开发区	0.804 3
	鹰手营子矿区	重点开发区	0.546 5		滦县	重点开发区	0.758 9
邯郸市	磁县	农产品主产区	0.588 7		迁西县	重点生态功能区	0.546 7
衡水市	阜城县	农产品主产区	0.341 5		玉田县	农产品主产区	0.456 4
	饶阳县	农产品主产区	0.258 8		遵化市	重点开发区	0.782 7
	武强县	农产品主产区	0.451 5	邢台市	宁晋县	农产品主产区	0.427 4
廊坊市	安次区	重点开发区	0.377 3		任县	农产品主产区	0.420 4
	霸州市	重点开发区	0.343 6	张家口市	怀安县	重点生态功能区	0.514 0
	三河市	重点开发区	0.705 8		怀来县	重点生态功能区	0.580 4
					涿鹿县	重点生态功能区	0.712 6

注：表中颜色表示水环境承载状态，其中，红色为超载，黄色为临界超载，绿色为未超载。

2018 年，15 个农产品主产区中超载的县区有 12 个，占 80%；临界超载的县区有 2 个，占 13.3%；未超载的县区仅有 1 个，占 6.7%。17 个重点开发区中超载的县区有 6 个，占 35.3%；临界超载的区县有 2 个，占 11.8%；未超载的县区有 9 个，占 52.9%（表 4-42）。11 个重点生态功能区中临界超载的县区有 2 个，占 18.2%；未超载的县区有 9 个，占 81.8%。总体上，重点生态功能区水环境承载能力最高，其次是重点开发区，农业主产区最低（图 4-28）。

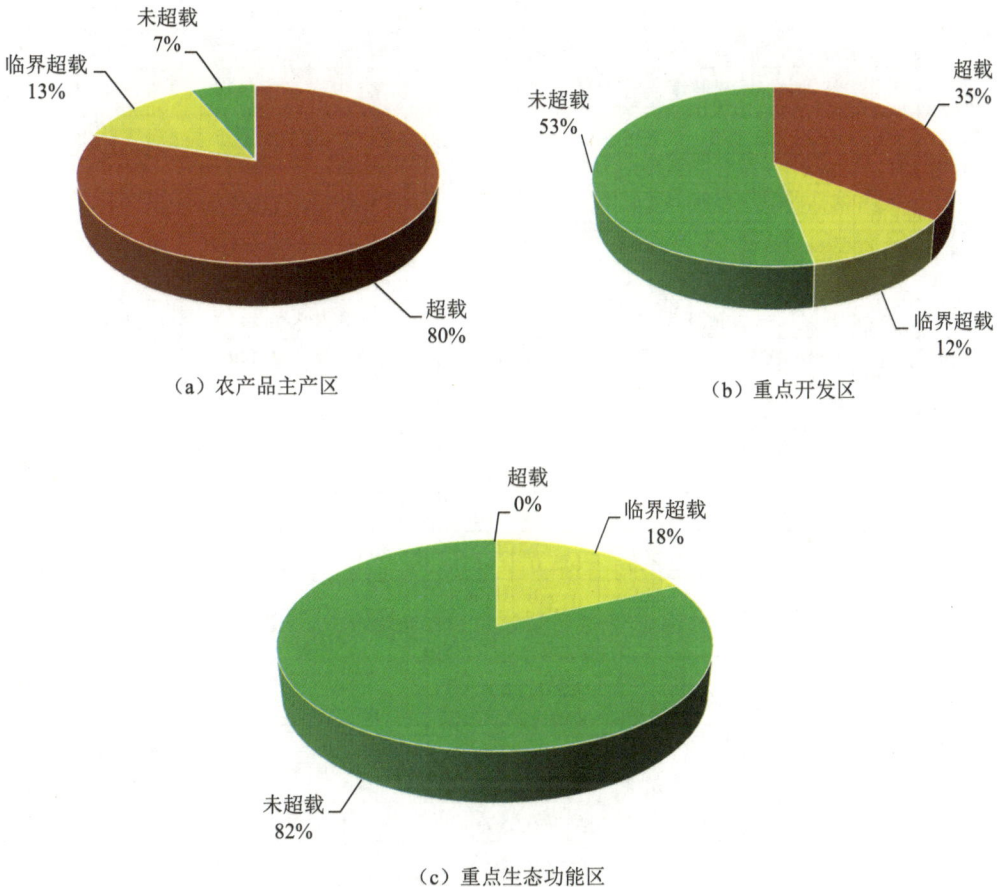

（a）农产品主产区

（b）重点开发区

（c）重点生态功能区

图 4-28　2018 年京津冀县区主体功能区水环境承载力状态占比

4.8.2.2　水环境承载力过程评估及变化趋势

根据 4.7.2 节水环境承载力损耗指数计算方法，以 2016 年为基准年，分别计算京津冀 2017 年和 2018 年水环境承载力损耗指数，对水环境承载力进行过程评估。表 4-41 为 2017—2018 年京津冀县区水环境承载力损耗指数。

表 4-41　2017—2018 年京津冀典型县区水环境承载力损耗指数

地市	主体功能区	县区	2016 年	2017 年	2018 年	2017 年	2018 年
			承载力指数			损耗指数	
保定市	农产品主产区	安新县	0.469 7	0.547 7	0.526 9	0.166 0	0.121 8
	农产品主产区	定兴县	0.286 8	0.366 6	0.414 4	0.278 2	0.445 0
	重点开发区	莲池区	0.418 4	0.562 1	0.592 3	0.343 5	0.415 6
	重点生态功能区	唐县	0.657 1	0.611 3	0.518 1	−0.069 8	−0.211 6
沧州市	农产品主产区	泊头市	0.399 0	0.494 9	0.424 3	0.240 3	0.063 4
	重点开发区	黄骅市	0.571 2	0.479 7	0.517 3	−0.160 3	−0.094 5
	重点生态功能区	承德县	0.678 4	0.642 6	0.632 2	−0.052 7	−0.068 0
	重点生态功能区	宽城满族自治县	0.748 7	0.745 2	0.739 2	−0.004 7	−0.012 6
承德市	农产品主产区	隆化县	0.439 4	0.425 4	0.369 7	−0.031 9	−0.158 6
	农产品主产区	平泉县	0.384 2	0.400 0	0.391 6	0.041 2	0.019 2
	重点开发区	双滦区	0.752 4	0.736 2	0.755 9	−0.021 5	0.004 7
	重点开发区	双桥区	0.572 5	0.512 9	0.538 9	−0.104 2	−0.058 8
	重点生态功能区	兴隆县	0.694 4	0.621 7	0.625 9	−0.104 7	−0.098 7
	重点开发区	鹰手营子矿区	0.491 4	0.533 6	0.546 5	0.085 8	0.112 2
邯郸市	农产品主产区	磁县	0.609 9	0.599 6	0.588 7	−0.016 9	−0.034 8
衡水市	农产品主产区	阜城县	0.296 4	0.383 4	0.341 5	0.293 5	0.152 4
	农产品主产区	饶阳县	0.353 7	0.319 0	0.258 8	−0.098 0	−0.268 2
	农产品主产区	武强县	0.368 3	0.445 9	0.451 7	0.210 7	0.226 4
廊坊市	重点开发区	安次区	0.257 1	0.305 8	0.377 3	0.189 3	0.467 2
	重点开发区	霸州市	0.261 3	0.304 8	0.343 6	0.166 6	0.315 1
	重点开发区	三河市	0.384 4	0.750 0	0.705 8	0.950 8	0.836 0
秦皇岛市	重点开发区	北戴河区	0.334 4	0.370 0	0.344 0	0.106 4	0.028 7
	重点开发区	昌黎县	0.184 3	0.440 1	0.324 0	1.387 9	0.758 0
	重点生态功能区	抚宁区	0.524 7	0.823 5	0.551 1	0.569 4	0.050 2
	重点开发区	海港区	0.497 7	0.524 1	0.295 9	0.053 1	−0.405 5
	农产品主产区	卢龙县	0.542 4	0.764 5	0.532 7	0.409 4	−0.017 9
	重点生态功能区	青龙满族自治县	0.650 6	0.872 5	0.741 2	0.340 5	0.139 3
	重点开发区	山海关区	0.570 3	0.760 0	0.376 1	0.332 7	−0.340 6
石家庄市	重点生态功能区	平山县	0.749 6	0.784 7	0.768 9	0.046 8	0.025 8
	农产品主产区	深泽县	0.335 0	0.391 3	0.372 4	0.168 1	0.111 7
	重点开发区	辛集市	0.504 3	0.293 3	0.607 5	−0.418 4	0.204 8
	农产品主产区	赵县	0.240 0	0.346 9	0.185 2	0.445 1	−0.228 4
唐山市	重点开发区	丰南区	0.640 4	0.756 6	0.810 2	0.181 5	0.265 2
	重点开发区	乐亭县	0.733 1	0.656 6	0.804 3	−0.104 5	0.097 1
	重点开发区	滦县	0.741 1	0.778 5	0.758 9	0.050 4	0.024 0
	重点生态功能区	迁西县	0.541 6	0.574 9	0.546 7	0.061 5	0.009 5
	农产品主产区	玉田县	0.536 1	0.528 5	0.456 4	−0.014 1	−0.148 7
	重点开发区	遵化市	0.804 2	0.799 5	0.782 7	−0.005 8	−0.026 8

地市	主体功能区	县区	2016 年	2017 年	2018 年	2017 年	2018 年
			承载力指数			损耗指数	
邢台市	农产品主产区	宁晋县	0.450 5	0.392 9	0.427 4	−0.127 8	−0.051 2
	农产品主产区	任县	0.328 1	0.330 6	0.420 4	0.007 6	0.281 4
张家口市	重点生态功能区	怀安县	0.668 7	0.515 8	0.514 0	−0.228 5	−0.231 3
	重点生态功能区	怀来县	0.572 4	0.545 7	0.580 4	−0.046 7	0.013 9
	重点生态功能区	涿鹿县	0.711 9	0.709 9	0.712 6	−0.002 9	0.000 9

2017 年，水环境承载力指数损耗指数为负值的有保定市唐县，沧州黄骅市，承德市承德县、宽城满族自治县、隆化县、双滦区、双桥区、兴隆县，邯郸市磁县，衡水市饶阳县，石家庄辛集市，唐山市乐亭县、玉田县、遵化市，邢台市宁晋县和张家口市怀安县、怀来县、涿鹿县，表明以上城市水环境承载力指数下降，承载能力有所下降；水环境承载力损耗指数为正数的城市包括保定市安新县、安兴县、莲池区，沧州市泊头市，承德市平泉县、鹰手营子矿区，衡水市阜城县、武强县，廊坊市安次区、霸州市、三河市，秦皇岛市北戴河区、昌黎县、抚宁区、海港区、卢龙县、青龙满族自治县、山海关区，石家庄市平山县、深泽县、赵县，唐山市丰南区、滦县、迁西县和邢台市任县，表明以上城市承载力指数上升，承载能力有所上升。

2017 年，15 个农产品主产品中损耗指数为负值的有 5 个县区，占 33.3%；损耗指数为正的有 10 个县区，占 66.7%。17 个重点开发区中损耗指数为负值的有 6 个县区，占 35.3%；损耗指数为正值的有 11 个县区，占 64.7%。11 个重点生态功能区中损耗指数有 7 个县区，占 63.6%；损耗指数为正值的有 4 个县区，占 36.4%。显然农产品主产区 2017 年的损耗指数正值的县区占比最大，重点开发区次之，重点生态功能区最小，表明相对于 2016 年，农产品主产区的水环境承载力提升幅度最大，重点开发区次之，重点生态功能区最小。

2018 年，水环境承载力指数损耗指数为负值的有保定市唐县，沧州市黄骅市，承德市承德县、宽城满族自治县、隆化县、双桥区、兴隆县，邯郸市磁县，衡水市饶阳县，秦皇岛市海港区、卢龙县、山海关区，石家庄赵县，唐山市玉田县、遵化市，邢台市宁晋县和张家口市怀安县，对比 2017 年承德市双滦区，石家庄辛集市，唐山市乐亭县和张家口市怀来县和涿鹿县的承载力损耗指数由负值变为正值，而秦皇岛市海港区、卢龙县、山海关区和石家庄赵县的承载力损耗指数由正值变为负数；水环境承载力损耗指数为正数的包括保定市安新县、定兴县、莲池区，沧州市泊头市，承德市平泉县、双滦区、鹰手营子矿区，衡水市阜城县、武强县，廊坊市安次区、霸州市、三河市，秦皇岛市北戴河区、昌黎县、抚宁区、青龙满族自治县，石家庄市平山县、深泽县、辛集市，唐山市丰南区、乐亭县、滦县、迁西县，邢台市任县和张家口市怀来县、涿鹿县，表明水环境承载能力有所提升。

2018 年，15 个农产品主产品中损耗指数为负值的有 7 个县区，占 46.7%；损耗指数为正的有 8 个县区，占 53.3%。17 个重点开发区中损耗指数为负值的有 5 个县区，占 29.4%；损耗指数为正值的有 12 个县区，占 70.6%。11 个重点生态功能区中损耗指数有 5 个县区，占 45.5%；损耗指数为正值的有 6 个县区，占 54.5%。显然重点开发区 2018 年的损耗指数正值的县区占比较高，重点生态功能区和农产品主产区较低，表明相对于 2016 年，重点开发区的水环境承载力提升幅度较大，重点生态功能区和农产品主产区较小。

综上所述，重点开发区 2018 年的水环境承载能力提升幅度比 2017 年提升的幅度大，重点生态功能区的水环境承载能力提升较小，而农产品主产品的水环境承载能力呈现下降趋势。

5

水环境承载力预警技术

5.1 水环境承载力预警

5.1.1 预警概念及内涵

5.1.1.1 预警概念

"预警"一词多是指"在灾害或灾难以及其他需要提防的危险发生之前，根据以往总结的规律或观测得到的可能性前兆，发出紧急信号，报告危险情况，以避免危害在不知情或准备不足的情况下发生，从而最大程度地减轻危害及损失的行为"。预警的科学内涵包括预警指标、警戒阈值、预测并评价危害范围及程度、调控措施 5 个方面[144]。预警的科学过程就是通过总结以往系统的发展规律，对已选定的预警指标划定一定的警戒阈值；同时在系统变化趋势预测的基础上，利用警戒阈值对警情的危害范围和程度进行判断，以此向关联方发出不同的示警信号，为其及时采取调控措施从而减轻相关损失提供参考。从预警过程可看出预警是一种更高层次意义上的预测和评价，预警的目的在于基于预测的结果，对其进行价值意义上的评价，相对于预测对全面宏观方面的关注，预警更倾向于对特定异常不利情况的警示作用。

5.1.1.2　预警内涵

系统科学是预警系统的理论基础，系统工程为解决预警问题提供了科学研究方法。基于系统工程三维结构逻辑关系，预警问题涉及明确警义、寻找警源、分析警兆、预报警度和排除警患等五个方面。预警的工作原理就是在明确警义的基础上，找警源并分析警兆，达到预报警度最终排除警患的目的。

（1）明确警义

警义是指在水环境承载力变动的过程中出现警情含义，它包括警素和警度两方面。警素是指系统发展过程中出现了哪些警情，比如火灾中警素是火势，洪水灾害中警素是水量，台风灾害中警素是风力。警度是指警情的严重程度，一般会划分为不同等级，比如重警、中警、轻警和无警。不同等级的警度是决定采取何种调控措施的基础。

（2）寻找警源

警源是警情和警患的源头所在，是对事物发展造成不良后果的根源。只有明确警源，才能对症下药，是调控措施既治标又治本的关键。从警源的生成机制来看，可将其分为两类：一是外生警源，由外部因素带来的警源，比如因社会经济发展产生的对环境有负面影响的因素；二是内生警源，即由自然环境本身产生的警源，比如气象因子（降水、温度、光照等）、资源因子（水、土地、矿产资源等），这些环境自身因素发生异变时会引发不同程度的自然灾害，影响水环境承载力。寻找警源是分析警兆的基础，其确定相对复杂，受时空地域和警素的影响，不同背景下警源指标不尽相同，需要根据实际情况进行细致的综合分析。

（3）分析警兆

警兆是先于警情发生的先兆事件，具有先行性，对预警的前瞻性起着至关重要的作用，可以帮助提前识别到可能导致警情的因素，达到预警目的。早期无危险发生或程度很轻，很难被察觉，甚至被忽略。随着时间推移，危险程度加深，开始对水环境承载力产生负面影响，这时越来越多的危险信号就会出现，即警兆因素增多。当警兆因素累积到一定程度，警情出现，水环境承载力下降，对环境造成破坏，给社会经济活动带来负面影响。

（4）预报警度

预报警度是预警的目的，是排除警患的依据，向外界传递警情的严重程度。首先要划分警度等级。警度划分的方法有很多种，常见的有交通信号预警模型和统计预警模型。在交通信号预警模型中，警度按照红、黄、绿灯的形式划分，通过计算指标数值并与警戒阈值比较，当指标数值在某一等级取值范围之内时，就发出相应颜色的信号。统计预警模型中，人们通常把警度划分为 5 个等级，即极重警、重警、中警、轻警和无警。实际上，警度划分相对简单，重要的是确定警度等级的依据——警限确定。警限可以理解指标的临界值，超过不同的数值水平，意味在该指标上是否出现警情及严重程度。

（5）排除警患

排除警患是预警的最终目的。根据确定的警情和警度，找到警源，采取相应调控措施，如加强环境保护、提高用水水平、转变经济发展模式等，逐步排除警患，直至警度降至无危险等级，从而改善水环境承载力，实现区域长期可持续发展。

5.1.2 水环境承载力预警内涵

5.1.2.1 预警概念

某一时期内，为保证区域可持续发展，在对区域水环境承载力现状进行客观评价的基础上，选定与水环境承载力发展规律紧密相关的警情指标和警兆指标作为预警指标，根据区域生态环境和社会经济可持续发展要求划定针对这些指标的警戒阈值；同时对未来某段时间的水环境承载力系统状况进行预测，利用警戒阈值判断区域水环境承载力未来状况是否处于警戒状态并对危害发生可能性和程度进行预判，据此向水环境管理部门发出不同等级的示警信号，并施以相应的调控措施。

5.1.2.2 预警内涵

水环境承载力预警的警情是指水环境系统与经济社会系统、生态环境系统在支撑与负荷的相互作用过程中可能出现的警情，警情可按性质分为污染警情和效益警情，其中污染警情以水污染为代表、效益警情以不能满足经济社会发展要求的水环境功能性短缺为代表；警兆和警源是组成水环境承载力预警指标的两大要素，警情指标代表了整个复合系统的运行情况，而警兆指标是相对警情指标在时间上的先行指标，不同地区水环境承载力预警的警兆会随着承载情况的不同而不断变化，识别并分析有效的预警指标是对区域水环境承载力进行预警的关键；水环境承载力预警警度划分的重点难点同样在于根据实际情况划定警限，不同地区内受制于水环境条件和经济社会发展状况的不同很难划定统一标准，同一地区在不同历史条件下警限随时间又是时刻变化发展的。

5.2 预警指标体系构建

5.2.1 预警指标分类

基于水环境承载力预警系统的"五步法"，即明确警义、寻找警源、分析警兆、预报警度和排除警患，将水环境承载力预警指标体系分为三类，即警情指标、警源指标和警兆指标。

5.2.1.1　警情指标

水环境承载力预警的警情指标是对危险进行客观描述的指标，为建立警兆指标体系的奠定基础。水环境承载力系统是一个复杂系统，涉及自然环境、生态环境、资源环境、经济社会环境等多方面因素，其在运行的过程中会受到各种内外部因素的影响，这种影响涉及正效应和负效应。负效应导致其发展偏离安全范围，出现异常情况。警情指标就是描述这些异常情况的指标。

5.2.1.2　警源指标

明确警情后，寻找产生警情的根源，即为警源，是预警评价过程的核心步骤。警源指标是指用于刻画或描述警情发生的根源的指标。基于警源的分类，可以分为内生警源指标和外生警源指标。此外，还可以分为强可控警源指标、弱可控警源指标和不可控警源指标等。

5.2.1.3　警兆指标

警兆是警源发生变化并形成警情的外部表现，用于预报预测警情。警兆指标是水环境承载力预警系统的关键指标。用于刻画或描述警情发生之前的先兆的指标就是警兆指标。警兆指标包括动向警兆指标和景气警兆指标，前者是直接反映其警情的正向或反向变动趋势，而后者则反映区域系统运行、发展现状与警情程度。水环境承载力预警的目的就在于提前发现隐患，通过一系列政策和管理措施，对社会经济活动予以调控，避免警情的发生。所以，警兆指标是水环境承载力预警指标体系的主体，也是进行警度判定的主要依据。

5.2.2　预警指标筛选原则

5.2.2.1　综合性和主导性

水环境承载力预警系统是一个具有多个层次的复杂系统，涉及社会发展、经济发展、环境保护、水资源管理等多个方面，它们之间又存在复杂的相互联系。因此，在指标选取过程中，既要兼顾综合性和主导性、又要与目标对象密切相关，应确保最终的指标体系能够对系统进行全面的描述，避免漏选和重复选择。

5.2.2.2　层次性和独立性

水环境承载力预警系统包括社会、经济、水资源和水环境四个子系统，不同子系统又包含许多要素，且它们之间的主要特征区别较大。因此，指标选取应注重层次性和独立性、保证分析评价的准确性，充分考虑子系统之间的差异和隶属关系，针对所在层次、子系统，选取不同的指标予以测量。

5.2.2.3　可操作性和实用性

指标的可操作性包括两个方面：一是指标本身应容易量化，如果量化难度大，可能导致主观评判因素增加，影响结果的准确性；二是指标数据应容易获取，最好从各类统计年鉴或公报中寻求指标，保证数据的可得性和连续性。同时，考虑指标的实用性，预警指标的数量不应过多，也不能太少，保持适度。

5.2.2.4　先行性和区域性

水环境承载力预警指标体系的核心目的在于预警，即识别警情发生之前的警兆。因此，先行性原则要求指标选取过程中，应以警兆指标为主体，可选取少量或不选警情指标，保证预警作用的发挥。此外，考虑评估预警地区的区域特征，筛选反映该区域的特征指标。

5.2.3　预警指标筛选

5.2.3.1　先行、一致和滞后指标

由于警情和警兆在时序上的前后特征，警情和警兆指标所代表的事物状态变化对水环境承载力的影响也存在时间上不一致性。警情指标的变化对水环境承载力的影响是同步的，警兆指标则会在一段时间后才会对水环境承载力产生影响。因此，需要对水环境承载力评估指标进行第二次筛选，确定时间上的先行指标、一致指标和滞后指标。

先行指标是在时间上先于警情指标变化而变化的指标。当先行指标的值超出安全范围时，在未来会影响警情的发生，进而对水环境承载力产生较大影响。因此，先行指标可对应警兆指标，是水环境承载力预警中最重要的指标，具有很强的预警性意义。一致指标是在时间上与警情同步变化的指标，与水环境承载力的强弱变化也是同步的。因此，一致指标可对应警情指标，既能反映当前具体事物的发展变化情况，也能体现水环境承载力的强弱。滞后指标是在时间上落后于警情变化的指标，因此在水环境承载力预警中的实际意义不大，本书将不考虑滞后指标对水环境承载力的影响。

5.2.3.2　筛选方法

利用时差相关分析方法，筛选先行、一致和滞后指标。时差相关分析法，是利用时差相关系数来确定整个时间序列内两个或更多个序列之间的平均关系的一种方法。相关系数的取值范围介于 −1 到 1 之间，其中 0 表示不相关，−1 表示完全负相关，1 表示完全

正相关。相关系数可以反映两个时间序列之间的线性关系程度。通过对时间关系的量化，判断一个序列相对于另一个序列是先行还是滞后[145]。应用时差相关分析法进行指标分类的过程是：首先确定一个能够综合反映当前水环境承载程度的警情指标作为基准指标 Y，规定该基准指标是固定的，其他被选指标 X 在时间上相对于基准指标向前或者向后移动若干年，然后对移动后的序列和基准指标求相关系数。最终所得的最大相关系数相对应的移动年数就是该指标的超前或是延迟年数，同时以此为依据对被选指标进行先行、滞后期的指标划分。

时差相关分析法具有定量计算，精确性高、数据的序列长度要求较低、简单易懂等特点。具体计算方法如下：

设 $y=\{y_1, y_2, \cdots, y_n\}$ 为基准指标，$x=\{x_1, x_2, \cdots, x_n\}$ 为被选指标，r 为时差相关系数，即

$$y = \frac{\sum_{t=t'}^{n_l}(x_{t+l}-\overline{x})(y_t-\overline{y})}{\sqrt{\sum_{t=t'}^{n_l}(x_{t+l}-\overline{x})^2 \sum_{t=t'}^{n_l}(y_t-\overline{y})^2}} \quad l=0,\pm1,\pm2,\cdots,\pm L$$

$$t' = \begin{cases} 1, & l \geqslant 0 \\ 1-l, & l<0 \end{cases}$$

式中，l 表示超前、滞后期，取负数时表示超前，取正时表示滞后，l 被称为时差或延迟数；L 为最大延迟数；n_l 为数据取齐后的数据个数。

5.2.3.3 预警指标

本研究利用 SPSS 25.0 对上述初步确定的 17 个指标进行时差相关分析，数据来自京津冀地区的统计年鉴、水资源公报，时间跨度为 2015 年至 2018 年，共 4 年。对于京津冀水环境承载力预警指标的筛选，本研究设置延迟为 7，并找出结果中交叉相关系数绝对值的最大值，根据其对应的延迟数确定指标性质。当延迟等于 0 时，为一致指标；当延迟取负数时，为先行指标；当延迟取正数时，为滞后指标。表 5-1 列出了时差相关分析结果。

表 5-1　先行、一致和滞后指标时差相关分析结果

序号	指标名称	延迟	交叉相关系数	判定结果	标准误差
1	水资源开发利用强度	−3	−0.637	先行	0.144
2	万元工业产值用水量	−7	−0.448	先行	0.151
3	水域面积占比	2	−0.346	滞后	0.143
4	人均水域面积	3	0.491	滞后	0.144
5	农业 COD_{Cr} 排放强度	3	−0.458	滞后	0.144

序号	指标名称	延迟	交叉相关系数	判定结果	标准误差
6	农业 NH$_3$-N 排放强度	4	−0.506	滞后	0.140
7	废水 COD$_{Cr}$ 排放强度	5	0.480	滞后	0.147
8	废水 NH$_3$-N 排放强度	5	0.594	滞后	0.147
9	废水 TP 排放强度	5	0.387	滞后	0.147
10	水质时间达标率	−3	−0.448	先行	0.144
11	水质空间达标率	−7	−0.400	先行	0.151
12	植被覆盖岸线比	−3	−0.419	先行	0.144
13	岸边林草带覆盖率	−1	−0.565	先行	0.141
14	河流连通性	2	0.683	一致	0.143
15	生态基流保障率	−3	−0.615	先行	0.144
16	水质净化功能指数	−3	−0.408	先行	0.144
17	城镇绿地面积	−3	−0.574	先行	0.144

由表 5-1 可看出，总共 9 个指标被确定为先行指标，1 个为一致指标，7 个为滞后指标。在水资源指数中，水资源开发利用率和万元工业用水量为先行指标；在排放强度指数中，没有先行指标；在水环境质量指数中，水质时间达标率和水质空间达标率都是先行指标；在生态指数中，植被岸线覆盖比、岸边林草覆盖率、生态基流保障规律为先行指标；在土地利用指数中，水质净化功能指数和城镇绿地面积占比为先行指标。为了确保水环境承载力预警指标体系的有效性，尽量采用监测和遥感解译指标，避免统计指标，同时兼顾基于现有的工作基础，最终确定 2 个预警指标，即水质时间达标率和水质空间达标率。

5.2.3.4　水质指标

参与水环境承载力评价的水质指标为《地表水环境质量标准》（GB 3838—2002）中除水温、粪大肠菌群和总氮以外的 21 项指标，包括：pH 值、溶解氧、高锰酸盐指数、生化需氧量、氨氮、石油类、挥发酚、汞、铅、总磷、化学需氧量、铜、锌、氟化物、硒、砷、镉、铬（六价）、氰化物、阴离子表面活性剂和硫化物。

5.3　预警指标验证

选择水质作为水环境承载力预警指标。为了确定所选指标的可靠性，有必要对其进行验证。完整的水生态系统包括水生态系统的结构和功能。通常情况下，水质达标不会引起水生态系统结构和功能的变化，使水生态系统处于健康状态，具有高的水环境承载力。水质超标可能会引起水生态系统结构和功能的变化，造成水生态系统水环境承载力下降。所以，旨在采用统计学方法分析验证超标水质指标与水生态系统性结构和功能性指标之间的关系，如果关键超标水质指标与水生态系统结构性指标和功能性指标都呈现显著负相关，则说明这些水质确实破坏了水生态系统的结构和功能，从而可以验证选水质作为水环境承载力预警指标理论上是可信的。

5.3.1 参与验证的水质指标确定

基于对 2019 年京津冀地区各监测断面水质监测数据的统计分析发现，石油类、挥发酚、汞、铅、铜、锌、硒、砷、镉、铬（六价）、氰化物和阴离子表面活性剂这些指标在各监测断面普遍未超标，甚至在有些断面未达到检出限（图 5-1）。由图 5-1 可知，石油类、挥发酚、汞、铅、铜、锌、硒、砷、镉、铬（六价）、氰化物和阴离子表面活性剂低于检出限的占比分别为 12.53%、12.53%、7.00%、10.24%、4.46%、5.24%、8.24%、10.12%、11.24%、11.93%、3.69% 和 2.73%，所以在进行水质指标与水生态系统结构性指标和功能性指标之间关系分析时可以忽略这些指标。

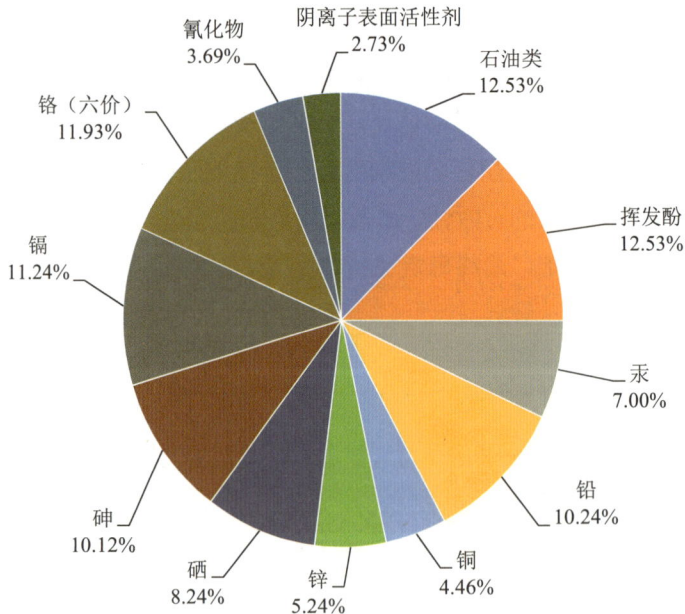

图 5-1　京津冀地区监测断面低于检出限的水质指标统计

基于 2019 年京津冀地区各监测断面水质监测数据，对监测断面超标水质指标进行统计分析，结果如图 5-2 所示。由图 5-2 可知，COD、高锰酸盐指数、BOD_5、TP 和 $NH_3\text{-}N$ 超标率较高，超标率分别为 21.24%、16.95%、16.52%、15.67% 和 13.52%。其余水质指标超标率低于 5%。所以，筛选出超标率较高的 COD、高锰酸盐指数、BOD_5、TP 和 $NH_3\text{-}N$ 这些水质指标来分析它们与水生态系统结构性指标和功能性指标之间的关系。

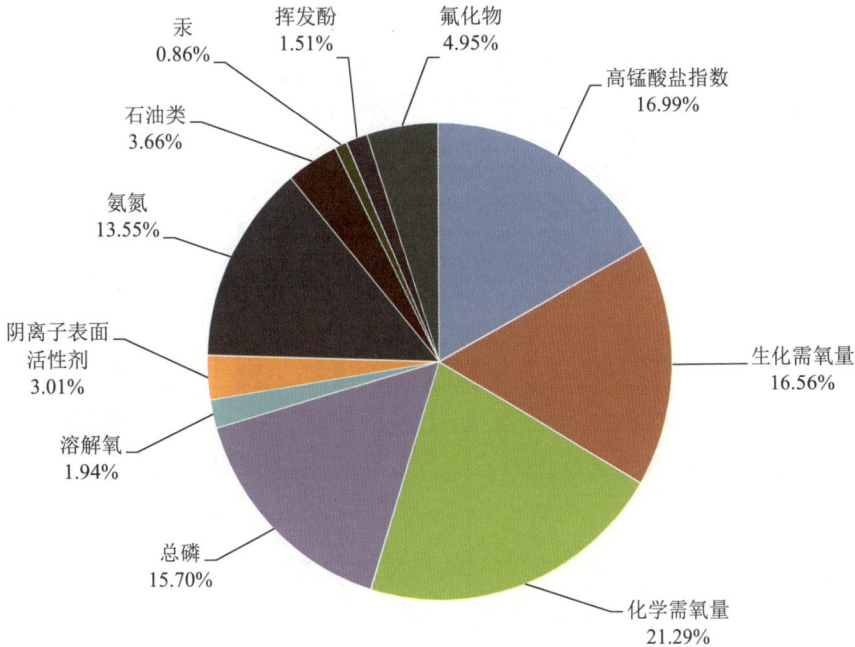

图 5-2 京津冀地区监测断面水质指标超标情况统计

5.3.2 预警指标与水生态系统结构性、功能性指标之间关系

5.3.2.1 参与验证的水生态系统结构性指标的确定

为了分析水质与水生态系统结构和功能之间的关系，以滦河为例开展研究。2019 年对滦河典型断面进行水质、水生生物和有机质分解速率（它是指示水生态系统功能的指标）进行监测。根据水生生物的监测结果计算出水生态系统结构性指标，具体包括浮游动物物种数（A_1）、香农威纳指数（A_2）、均匀性指数（A_3）和丰富度指数（A_4），浮游植物物种数（B_1）、香农威纳指数（B_2）、均匀性指数（B_3）和丰富度指数（B_4），着生藻类物种数（C_1）、香农威纳指数（C_2）、均匀性指数（C_3）和丰富度指数（C_4），以及底栖动物香农威纳指数（D_1）和物种数（D_2）。这些水生态系统水生生物之间存在着相互作用关系，为了剔除水生态系统结构性指标中的冗余指标，对获得的各水生态系统结构性指标进行相关性分析，结果如图 5-3 所示。基于表所示的各指标之间的显著和极显著相关性，最终选择浮游动物香农威纳指数（A_2），浮游植物香农威纳指数（B_2），着生藻类香农威纳指数（C_2）以及底栖动物香农威纳指数（D_1）和物种数（D_2）作为参与验证的水生态系统结构性指标。

	A_1	A_2	A_3	A_4	B_1	B_2	B_3	B_4	C_1	C_2	C_3	C_4	D_1	D_2
A_1	1.00	0.968**	0.624**	0.882**	0.469*	0.485*	0.30	0.441*	0.38	0.28	0.05	0.32	0.17	0.24
A_2		1.00	0.721**	0.922**	0.469*	0.467*	0.25	0.466*	0.35	0.24	0.01	0.31	0.24	0.21
A_3			1.00	0.720**	0.420*	0.35	0.03	0.35	0.17	0.01	-0.23	0.10	0.18	-0.11
A_4				1.00	0.38	0.430*	0.30	0.419*	0.25	0.20	0.05	0.25	0.30	0.12
B_1					1.00	0.882**	0.423*	0.871**	0.818**	0.529**	-0.02	0.645**	0.37	0.08
B_2						1.00	0.782**	0.925**	0.899**	0.752**	0.29	0.820**	0.407*	0.10
B_3							1.00	0.676**	0.696**	0.791**	0.625**	771**	0.31	0.17
B_4								1.00	0.835**	0.654**	0.20	0.840**	0.447*	0.13
C_1									1.00	0.833**	0.36	0.904**	0.30	0.18
C_2										1.00	0.807**	0.873**	0.24	0.32
C_3											1.00	0.534**	0.04	0.38
C_4												1.00	0.35	0.23
D_1													1.00	0.21
D_2														1.00

图 5-3 水生态系统结构性指标之间的相关性

注：*和**分别表示在 0.05 和 0.01 级别（双尾）相关性显著

5.3.2.2 水质与水生态系统结构性指标之间的关系

采用冗余分析（RDA）分析了参与验证的水生态系统结构性指标与超标水质之间的关系[146]，结果如图 5-4 所示。由图 5-4 可知，第一轴解释了水生生物结构变化的 20.35%（$p=0.030$），所有轴解释了水生生物结构变化的 27.43%（$p=0.035$），这表明水质对水生生态系统结构具有显著的影响。解释水生生物结构变化最显著的水质变量为 COD，解释率为 11.2%（$p=0.010$）。其次是高锰酸盐指数，解释率为 8.3%（$p=0.020$）。COD 和高锰酸盐指数与浮游动物香农威纳指数（A_2），浮游植物香农威纳指数（B_2），着生藻类香农威纳指数（C_2），底栖动物香农威纳指数（D_1）和物种数（D_2）均呈负相关。这表明 COD 和高锰酸盐指数作为超标概率高的水质指标确实对这些水生生物的群落结构产生了不利影响。尽管 BOD_5、TP 和 NH_3-N 这 3 个水质指标没有显著解释水生生物结构的变化，但它们均与水生生物结构性指标呈现一定相关性，这表明这 3 个水质指标也可以对水生生物的群落结构产生影响。

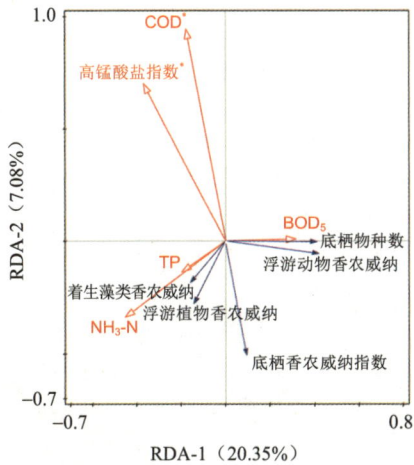

图 5-4　水生态结构与水质指标的 RDA 分析

5.3.2.3　水质与水生态系统功能性指标之间的关系

有机质分解作为重要的生态功能之一，是河流生态系统中至关重要的基础过程。它涉及有机质进入生态系统后的物质循环和能量流动，还综合了各种生态过程。所以，通常将有机质分解定义为指示水生态系统功能的重要指标。棉布条分解因其经济实用、易于标准化和对环境变化敏感等优势正在被用作指示有机质分解的有力工具，现已被广泛用于指示水生态系统的功能。棉布条每日抗拉伸强度损失（TSL）和呼吸速率（RES）是量化其分解最常用的方法。其中，每日抗拉伸强度损失更能全面地指示棉布条的分解状况。所以，子课题以棉布条分解速率来指示水生态系统功能，采用 RDA 方法分析研究其与超标水质之间的关系，结果如图 5-5 所示。由图 5-5 可知，水质变化对棉布条分解有显著影响，第一轴解释了棉布条分解的 19.63%（p=0.007），所有轴解释了棉布条分解的 26.66%（p=0.010）。其中，COD 和高锰酸盐指数是解释棉布条分解最显著的水质指标，解释率分别为 18.52%（p=0.008）和 14.35%（p=0.010），它们与棉布条的每日抗拉伸强度损失和呼吸速率均呈负相关，表明了 COD 和高锰酸盐指数这两个超标概率高的指数确实对水生态系统功能产生了不利影响。尽管相关性未达到显著水平，但 BOD_5、TP 和 NH_3-N 与棉布条分解速率也呈现一定的相关性，表明了它们对水生态系统功能也可以产生一定影响。

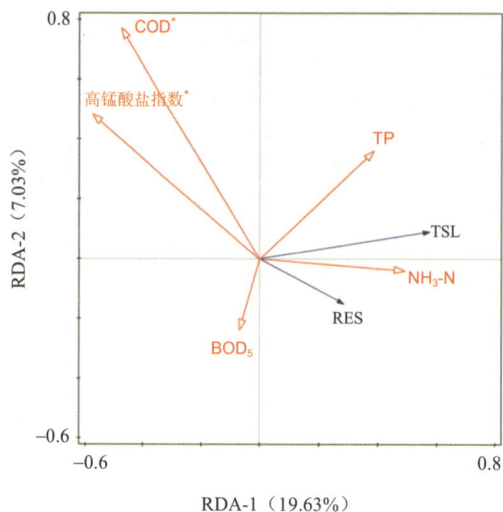

图 5-5　水生态系统功能与水质指标的 RDA 分析

综上可知，COD 和高锰酸钾指数的超标率在这 5 个超标水质指标中位列第一和第二位，而且通过资料调研也发现这两个指标也是引起我国地表水超标的关键指标。RDA 分析发现这 2 个关键超标水质指标与水生态系统结构性指标、功能性指标都呈现显著负相关。由此可见，选择水质作为水环境承载力预警指标理论上是可信的。

5.3.3　预警指标与承载力响应关系

基于水环境承载力预警的水质时间达标率和空间达标率，选择京津冀典型 43 个县区和 13 个地级及以上城市的 2016—2018 年的水质时间达标率、水质空间达标率与水环境承载力综合指数进行回归分析，三者之间的曲面响应如图 5-6 所示。

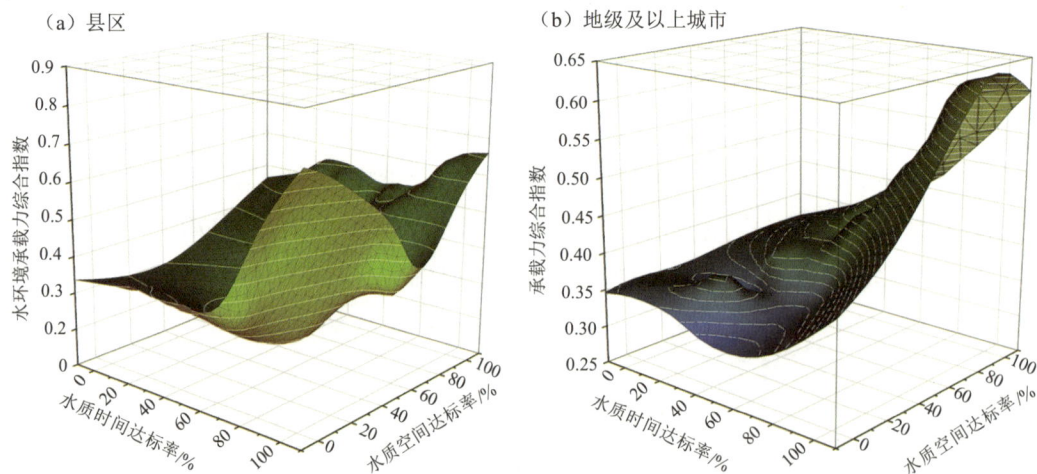

图 5-6　水环境承载力综合指数与预警指标的曲面响应分析

京津冀地区典型县区的预警指标水质时间达标率、水质空间达标率和相应的水环境承载力综合指数进行线性回归分析，回归方程为

$$R_c=0.002A_1+0.001A_2+0.270$$

式中，A_1 为水质时间达标率；A_2 为水质空间达标率。

$R^2=0.362$，$p<0.01$。

京津冀地区 13 个地级及以上城市的预警指标水质时间达标率、水质空间达标率和相应的水环境承载力综合指数进行线性回归分析，回归方程为

$$R_c=0.002A_1+0.001A_2+0.259$$

式中，A_1 为水质时间达标率；A_2 为水质空间达标率。

$R^2=0.362$，$p<0.01$。

基于两个回归方程，A_1 的系数为 0.002，A_2 的系数为 0.001，表明水质时间达标率对水环境承载力综合指数的影响大水质空间达标率，间接说明虽然京津冀县区的水质的时间变化比较大，水质不能稳定达标。

5.4　预警综合指数

5.4.1　预警指标计算

水环境承载力评价指标体系包括水质时间达标率和水质空间达标率两个评价指标，反映评价区域内水质在时间和空间尺度上的达标情况。水质达标情况参照《地表水环境质量标准》（GB 3838—2002）和《地表水环境质量评价办法（试行）》，采用单因子评价法进行评价。其中，国控断面（点位）以"水十条"中规定的水质考核目标为准，省控和市控断面（点位）以当地生态环境主管部门所规定的考核目标为准，其他未明确规定的断面（点位）参照受其影响最近的国控、省控或市控断面（点位）水质目标执行。

5.4.1.1　水质时间达标率（A_1）

$$A_1=\frac{1}{n}\sum_{i=1}^{n}C_i$$

$$C_i=\frac{断面（点位）达标次数}{评价年监测总次数}\times100\%$$

式中，n 为区域内断面（点位）个数；C_i 是指第 i 个断面（点位）水质时间达标率。

5.4.1.2 水质空间达标率（A_2）

水质空间达标率采用一年内不同时期各断面（点位）水质监测数据的算术平均值进行计算。

$$A_2 = \frac{\text{区域达标断面（点位）个数}}{\text{区域断面（点位）总个数}} \times 100\%$$

5.4.2 综合指数计算公式

水环境承载力预警指数（R_w）等于评价区域水质时间达标率与水质空间达标率的算术平均值，即

$$R_w = 0.5A_1 + 0.5A_2$$

5.4.3 预警综合指数与水生态结构和功能的关系

预警综合指数越高，即水质状况越好，水环境承载力越高。为了进一步验证利用水质指标计算预警综合指数的可靠性并提供理论依据，基于京津冀地区水环境承载力评价结果中的滦河干流流经各县市区预警综合指数，子课题对其与所确定的水生态结构性指标和功能指标之间的关系进行了相关性分析，结果如图 5-7 所示。由图 5-7 可知预警综合指数与棉布条每日抗拉伸强度损失呈显著正相关（$p < 0.05$），这表明水环境承载力越高，棉布条分解速率越快，进而证明了水环境承载力评价结果在水生态功能上是可信的。预警综合指数与浮游动物和着生藻类的香农威纳指数呈显著正相关（$p < 0.05$），与浮游植物和底栖的香农威纳指数呈极显著正相关（$p < 0.01$）。这一结果证明了水环境承载力预警评价结果在水生态结构方面是可信的提供了证据。综上可知，利用水质指标计算预警综合指数是可靠的。

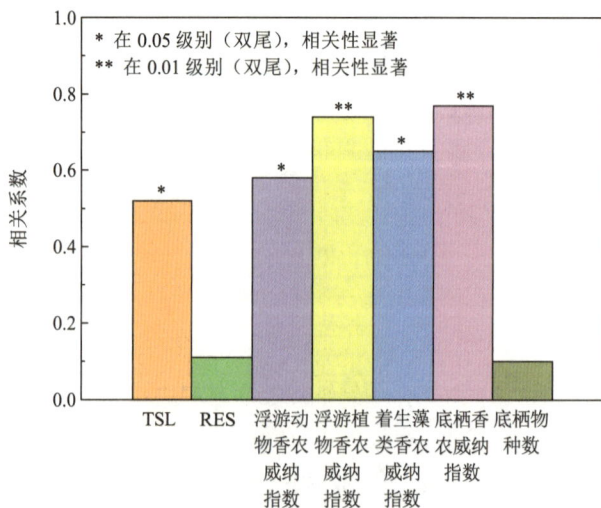

图 5-7 预警综合指数和水生态结构和功能指标的相关性

5.4.4 数据要求

5.4.4.1 评价断面（点位）选取

参与评价的断面（点位），指评价区域内至少每季度监测一次的所有断面（点位），包括国控、省控、市控和县控断面（点位）。

5.4.4.2 断面（点位）归属

涉及上下游县（区）的出入境断面，均纳入上游县（区）进行评价；存在往返流的断面按照年度主流方向，确定上游县（区）；涉及两个或多个县（区）界河的断面，同时参与所有涉及县（区）的水环境承载力评价。

5.5 预警的警度划分

5.5.1 三类五级

基于《资源环境承载能力监测预警技术方法（试行）》（发改规划〔2016〕2043 号），本研究将水环境承载力超载类型划分为 5 个等级：将加剧的超载区域定为红色预警区（极重警），趋缓的超载区域定为橙色预警区（重警），加剧的临界超载区域定为黄色预警区（中警），趋缓的临界超载区域定为蓝色预警区（轻中警）。不超载的区域为绿色无警区（无警）（图 5-8）。

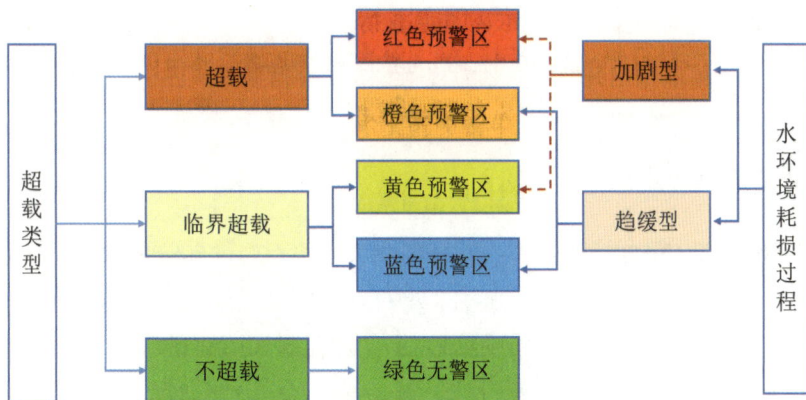

图 5-8　水环境承载力预警警度划分

5.5.2 预警阈值

5.5.2.1 确定阈值方法

基于本书 4.4.2 节，将水环境承载力预警综合指数数据进行正态分布处理，基区（占 68.27%）是主体，要重点抓，此外 95%，99%则展示了正态的全面性。因此，以水环境承载力指标值累积频数达 25%、50%和 75%分别作为低、中、高和极高的挡位点，划分 4 个区域（图 5-9），即[0，25%)为低承载区间，（25%，50%]为中承载区间，（50%，75%]为高承载区间，（75%，100%]为极高承载区间，如图 5-9 所示。

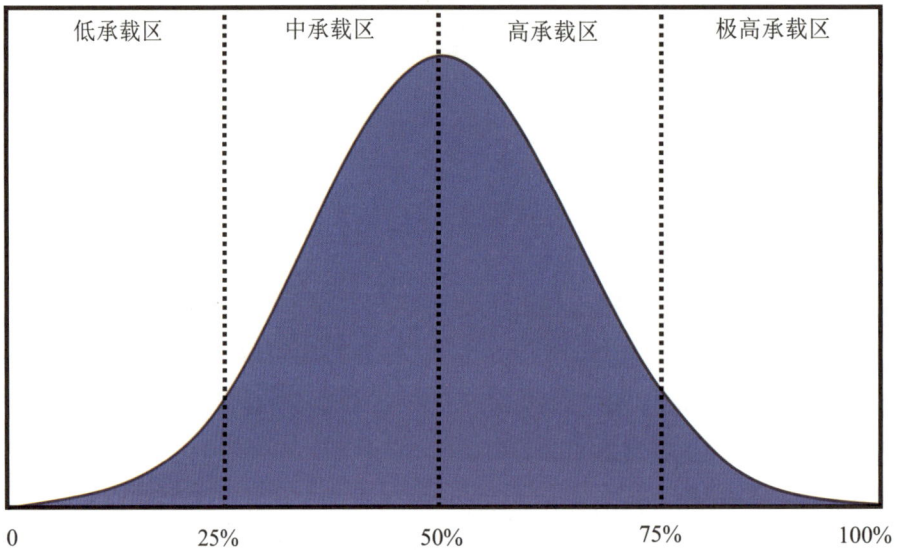

图 5-9 正态分布的四分法示意图

5.5.2.2 阈值的确定

基于 2016—2019 年京津冀数据，计算水环境承载力预警综合指数。将数据进行正态分析，分析结果如图 5-10～图 5-12 所示。重点开发区：当频度在 75%时，R_w=90.44%；当频度在 50%时，R_w=84.70%；当频度为 25%时，R_w=66.67%；当频度为 20%时，R_w=58.34%。显然，当 R_w>90%时，水环境承载力处于未超载；当 R_w<66%时，水环境承载力处于超载状态；当 66%≤R_w<90%时，水环境承载力处于临界超载状态。农产品主产区：当频度在 75%时，R_w=92.13%；当频度在 50%时，R_w=87.5%；当频度为 25%时，R_w=79.17%；当频度为 20%时，R_w=74.36%。显然，当 R_w>92%时，水环境承载力处于未超载；当 R_w<80%时，水环境承载力处于超载状态；当 80%≤R_w<92%时，水环境承

载力处于临界超载状态。重点生态功能区：当频度在 75%时，R_w=95.8%；当频度在 50%时，R_w=90.44%；当频度为 25%时，R_w=81.82%；当频度为 20%时，R_w=77.22%。显然，当 $R_w>95\%$时，水环境承载力处于未超载；当 $R_w<80\%$时，水环境承载力处于超载状态；当 $80\%\leqslant R_w<95\%$时，水环境承载力处于临界超载状态。地级市的阈值确定按照重点开发区阈值进行预警。

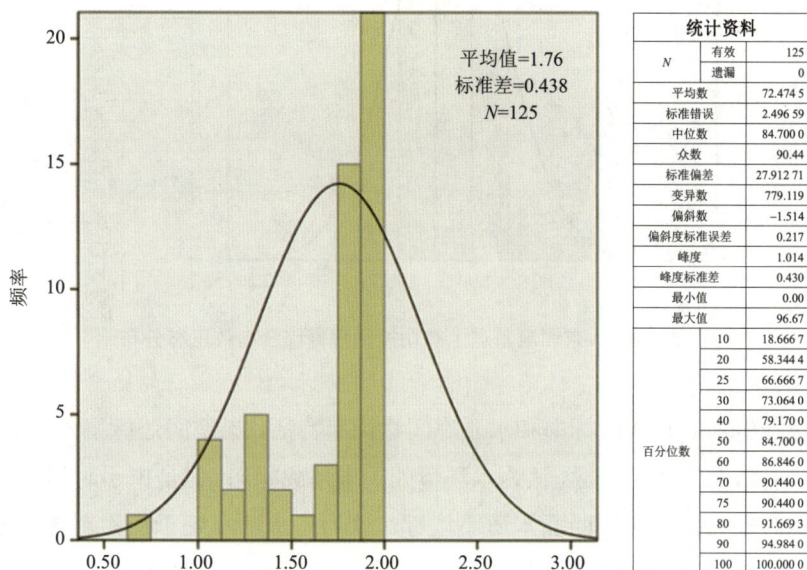

统计资料		
N	有效	125
	遗漏	0
平均数		72.474 5
标准错误		2.496 59
中位数		84.700 0
众数		90.44
标准偏差		27.912 71
变异数		779.119
偏斜数		−1.514
偏斜度标准误差		0.217
峰度		1.014
峰度标准差		0.430
最小值		0.00
最大值		96.67
百分位数	10	18.666 7
	20	58.344 4
	25	66.666 7
	30	73.064 0
	40	79.170 0
	50	84.700 0
	60	86.846 0
	70	90.440 0
	75	90.440 0
	80	91.669 3
	90	94.984 0
	100	100.000 0

图 5-10　京津冀重点开发区预警综合指数正态分布

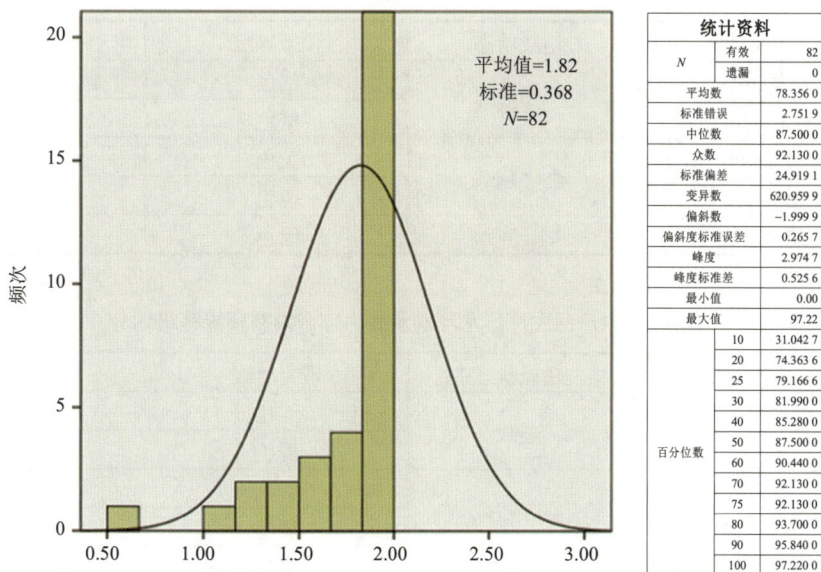

统计资料		
N	有效	82
	遗漏	0
平均数		78.356 0
标准错误		2.751 9
中位数		87.500 0
众数		92.130 0
标准偏差		24.919 1
变异数		620.959 9
偏斜数		−1.999 9
偏斜度标准误差		0.265 7
峰度		2.974 7
峰度标准差		0.525 6
最小值		0.00
最大值		97.22
百分位数	10	31.042 7
	20	74.363 6
	25	79.166 6
	30	81.990 0
	40	85.280 0
	50	87.500 0
	60	90.440 0
	70	92.130 0
	75	92.130 0
	80	93.700 0
	90	95.840 0
	100	97.220 0

图 5-11　京津冀农产品主产区预警综合指数正态分布

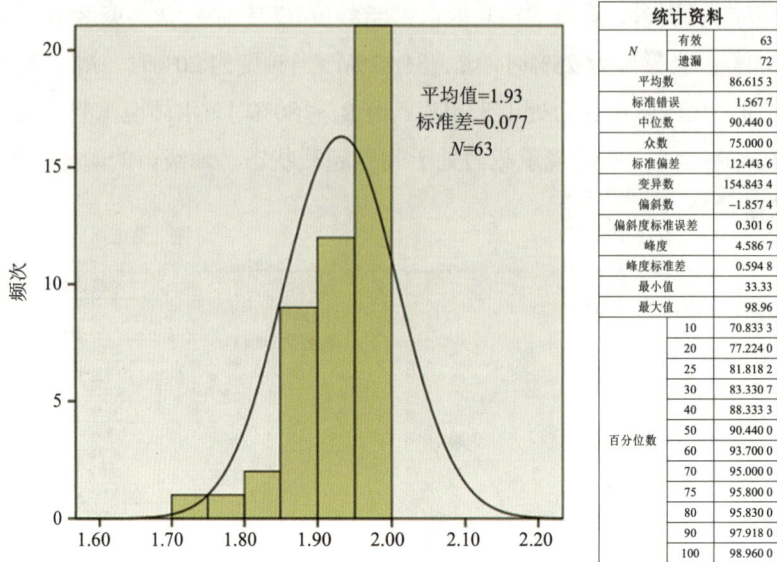

平均值=1.93
标准差=0.077
N=63

统计资料		
N	有效	63
	遗漏	72
平均数		86.615 3
标准错误		1.567 7
中位数		90.440 0
众数		75.000 0
标准偏差		12.443 6
变异数		154.843 4
偏斜数		−1.857 4
偏斜度标准误差		0.301 6
峰度		4.586 7
峰度标准差		0.594 8
最小值		33.33
最大值		98.96
百分位数	10	70.833 3
	20	77.224 0
	25	81.818 2
	30	83.330 7
	40	88.333 3
	50	90.440 0
	60	93.700 0
	70	95.000 0
	75	95.800 0
	80	95.830 0
	90	97.918 0
	100	98.960 0

图 5-12　京津冀重点生态功能区预警综合指数正态分布

结合区域的水质时间达标率和水质空间达标率特征，当空间达标率为100%时，表示该县区内所有断面年度都达标，认为水环境处于未超载状态。但是由于时间达标率在80%以下，表明各别月份的各别断面水质不达标，认为是水环境处于临界超载状态。空间达标率为0时，水环境处于超载状态。综合以上分析，同时考虑便于管理，按照 R_w 取整数原则，确定水环境承载力预警的阈值，结果见表5-2～表5-4。

表 5-2　重点开发区水环境承载力综合指数预警等级划分

预警综合指数/%	超载状态	预警等级	损耗过程
$R_w<60$	超载	红色	加剧型
$60 \leqslant R_w<70$		橙色	趋缓型
$70 \leqslant R_w<80$	临界超载	黄色	加剧型
$80 \leqslant R_w<90$		蓝色	趋缓型
$90 \leqslant R_w \leqslant 100$	未超载	绿色	

表 5-3　农产品主产区水环境承载力综合指数预警等级划分

预警综合指数/%	超载状态	预警等级	损耗过程
$R_w<74$	超载	红色	加剧型
$74 \leqslant R_w<80$		橙色	趋缓型
$80 \leqslant R_w<86$	临界超载	黄色	加剧型
$86 \leqslant R_w<92$		蓝色	趋缓型
$92 \leqslant R_w \leqslant 100$	未超载	绿色	

表 5-4   重点生态功能区水环境承载力综合指数预警等级划分

预警综合指数/%	超载状态	预警等级	损耗过程
$R_w<77$	超载	红色	加剧型
$77\leqslant R_w<83$		橙色	趋缓型
$83\leqslant R_w<89$	临界超载	黄色	加剧型
$89\leqslant R_w<95$		蓝色	趋缓型
$95\leqslant R_w\leqslant100$	未超载	绿色	

5.6 排除隐患的指标筛选

5.6.1 指标选取

基于 2016—2018 年京津冀地级市和县区的数据，选择水资源指数、排放强度指数、水环境质量指数、水生态指数和土地利用指数等共计 17 个指标，进行相关性分析。

水资源指数（A）包括用水效率指数［水资源开发利用率（A_1）、万元工业增加值用水量（A_2）］、水域面积指数［水域面积占比（A_3）、人均水域面积（A_4）］。

排放强度指数包括农业污染物排放强度指数［农业 NH_3-N 排放强度（B_1）、农业 TP 排放强度（B_2）］、废水污染排放强度［废水 COD 排放强度（B_3）、废水 NH_3-N 排放强度（B_4）、废水 TP 排放强度（B_5）］。

水环境质量指数包括水质时间达标率（C_1）和水质空间达标率（C_2）。

水生态指标包括植被覆盖岸线比（D_1）、岸边林草带覆盖率（D_2）、河流连通性（D_3）以及生态基流保障率（D_4）。

土地利用指数包括水质净化功能指数（E_1）和城镇绿地面积占比指数（E_2）。

5.6.2 主成分分析

应用 PCA 对京津冀地级市以及县区的 17 个水环境承载力评估指标数据进行分析，识别影响水环境承载力的关键因子。PCA 提取两个主成分（principal components，PCs），KMO 检验值为 0.77，且 Barlett 球形检验为 0.00（<0.05），数据适合主成分分析。在主成分分析中，若指标载荷系数的绝对值大于或等于 0.6 时，则该指标为关键因子。图 5-13 显示 PCA 的因子载荷示意。PC_1 累计方差贡献率为 28.54%，A_1、B_1、B_2、D_1、D_2、D_4、E_1 和 E_2 的载荷系数绝对值大于 0.6，表明以上指标是影响水环境承载力的主要因素。PC_2 累计方差贡献率为 14.2%，A_3、B_3、B_4 和 B_5 的载荷系数绝对值大于 0.6，表明以上指标是影响水环境承载力的主要因素。综上所述，水资源开发利用率、水域面积占比、污染物排放指数、植被覆盖岸线比指数、岸边林草带覆盖率、生态基流保障率径流调节、水质

净化指数、建成区绿地面积占比指数为影响水环境承载力的主要因子。

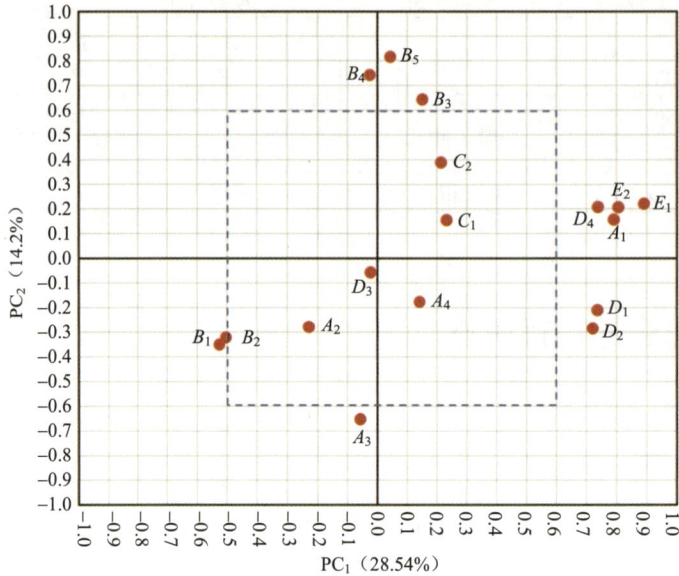

图 5-13　京津冀地区水环境承载力评估指标的载荷矩阵示意图

5.6.3　相关性分析

图 5-14 为水环境承载力的 17 个指数的相关性分析。在水资源方面，水质时间达标率和空间达标率两个预警指标与水资源开发利用率呈显著正相关。水质空间达标率、废水 COD 和 TP 排放强度、生态基流保障率和城镇绿地面积占比呈极显著正相关，与废水中 NH$_3$-N 和水质净化功能指数呈显著正相关。显然，水质时间达标率和水质空间达标率与用水效率、水域面积占比以及水生态指数呈显著相关。

在污染物排放强度指数方面，农业 NH$_3$-N 排放强度与农业 TP 排放强度呈现极显著正相关，废水中 COD、氨氮和 TP 三者呈现显著正相关，而农业污染物排放强度与废水污染物排放强度呈负相关。农业废水排放强度与水质净化功能指数呈极显著负相关，与生态基流保障率和城镇绿地面积占比呈负相关。

在水生态和土地利用指数中，植被覆盖岸线比、岸边林草带覆盖率与废水 NH$_3$-N 和 TP 排放强度相关性不显著；与生态基流保障率呈极显著正相关。水质净化功能指数与城镇绿地面积呈极显著正相关。

图中为水环境承载力指数的相关性分析矩阵（下三角为相关系数值，上三角以颜色及显著性标记表示）：

	A_1	A_2	A_3	A_4	B_1	B_2	B_3	B_4	B_5	C_1	C_2	D_1	D_2	D_3	D_4	E_1	E_2
A_2	-0.26																
A_3	-0.25	0.33															
A_4	0.015	-0.13	0.26														
B_1	-0.43	0.15	0.34	0.14													
B_2	-0.39	0.11	0.25	0.067	0.78												
B_3	0.13	-0.034	-0.18	0.14	-0.16	-0.23											
B_4	0.034	-0.18	-0.32	0.12	-0.21	-0.28	0.69										
B_5	0.19	-0.090	-0.37	-0.0073	-0.20	-0.21	0.70	0.69									
C_1	0.20	-0.14	-0.14	0.092	-0.0095	-0.054	0.12	-0.040	0.11								
C_2	0.20	-0.14	-0.20	-0.052	0.046	-0.040	0.28	0.19	0.27	0.38							
D_1	0.37	0.049	0.21	0.26	-0.19	-0.21	0.22	0.019	0.010	0.11	0.073						
D_2	0.31	0.086	0.29	0.18	-0.18	-0.26	0.16	-0.014	-0.061	0.10	0.10	0.81					
D_3	-0.12	0.21	-0.020	-0.093	-0.035	-0.090	0.094	0.11	0.059	-0.19	-0.19	0.075	0.20				
D_4	0.65	-0.22	-0.28	0.023	-0.34	-0.28	0.17	0.13	0.19	0.19	0.22	0.42	0.39	-0.076			
E_1	0.85	-0.25	-0.21	0.075	-0.53	-0.50		0.24	0.20	0.49	0.50		-0.039		0.69		
E_2	0.66	-0.25	-0.17	-0.015	-0.30	-0.26	0.22	0.10	0.19	0.18	0.29	0.49	0.41	-0.040	0.60	0.70	

* $p<0.05$　** $p<0.01$

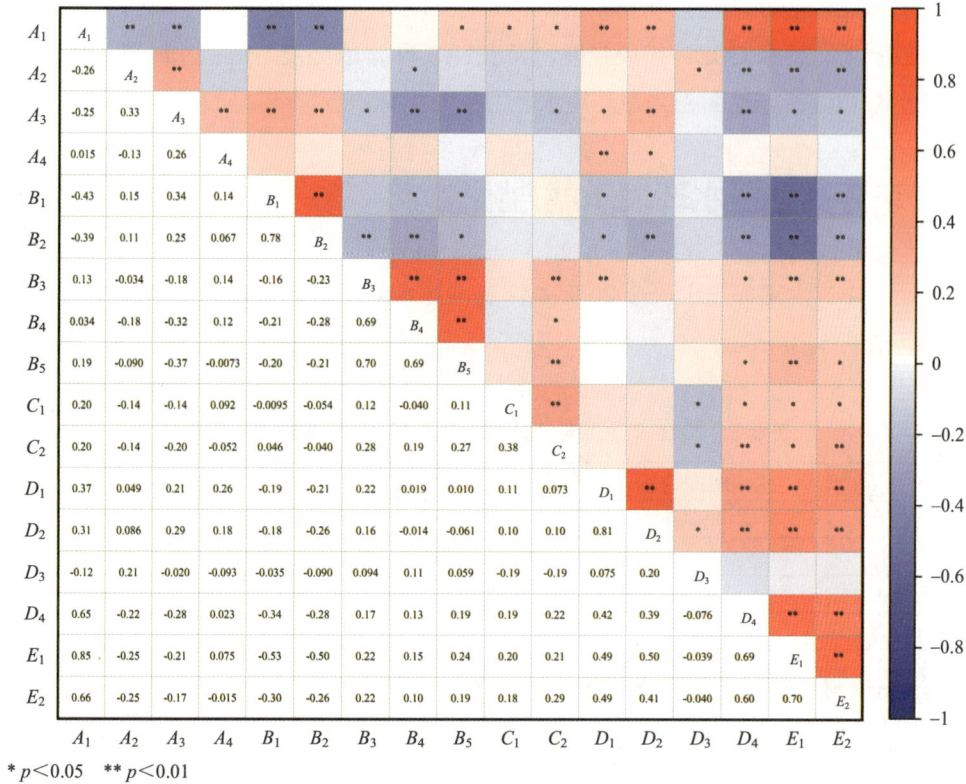

图 5-14　水环境承载力指数的相关性分析

5.6.4　建立提升指标体系

在水资源指数中，水资源开发利用率与万元工业增加值用水量指数、水域面积占比呈显著性相关。基于水质时间达标率和水质空间达标率与用水效率呈显著性相关，水资源开发利用率可以用来表征水环境承载能力。万元工业增加值用水量、水域面积占比与水质时间达标率、空间达标率呈负相关，根据京津冀地区经济社会特征，选择万元工业增加值用水量和水域面积占比作为提升指标。综上可知，水资源开发利用率、万元工业 GDP 用水量、水域面积占比为水环境承载力的提升指标。

在污染物排放强度指数中，污水排放强度指数中的农业废水排放强度指数的两个指数与废水污染物排放强度中的三个指数呈显著负相关，基于指标选取的综合性和主导性、可操作性和实用性等原则，选取农业废水排放强度指数、废水 COD_{Cr} 排放强度和废水 $NH_3\text{-}N$ 排放强度指数作为水环境承载力的提升指标。

在水生态指数和土地利用指数中，植被岸线覆盖比与水质净化功能指数、城镇绿地面积占比呈显著正相关，以实测和遥感解译数据为主，选择植被岸线覆盖比、水质净化指数和城镇绿地面积为水环境承载力提升指标。

综上所述，选取水资源开发利用率、万元工业增加值用水量、水域面积占比、农业废水排放强度、废水 COD_{Cr} 排放强度、废水 NH_3-N 排放强度、植被岸线覆盖比、水质净化功能指数和城镇绿地面积为水环境承载力提升指标。

5.7 京津冀地区水环境承载力预警

基于 5.4 节，完成 2015—2020 年京津冀地区水环境承载力预警综合指数计算，结果如表 5-5 至表 5-10 所示。

表 5-5 2015 年京津冀地级及以上城市水环境承载力预警指数

	水质时间达标率	水质空间达标率	水环境预警综合指数
北京市	42.06	28.57	35.32
天津市	57.76	66.25	62.01
石家庄市	59.72	66.67	63.20
唐山市	47.14	28.57	37.86
秦皇岛市	12.50	16.67	14.59
邯郸市	72.22	66.67	69.45
邢台市	4.17	0.00	2.09
保定市	31.48	22.22	26.85
张家口市	100.00	100.00	100.00
承德市	80.83	80.00	80.42
沧州市	0.00	0.00	0.00
廊坊市	3.33	0.00	1.67
衡水市	77.53	60.00	68.77

表 5-6 2016 年京津冀地级及以上城市水环境承载力预警指数

	水质时间达标率	水质空间达标率	水环境预警综合指数
北京市	49.28	50	49.64
天津市	61.24	70	65.62
石家庄市	65.97	66.67	66.32
唐山市	56.56	50	53.28
秦皇岛市	60.94	50	55.47
邯郸市	88.89	100	94.45
邢台市	33.33	25	29.17
保定市	35.08	30	32.54
张家口市	94	100	97.00
承德市	82.91	100	91.46
沧州市	18.92	0	9.46
廊坊市	4.85	0	2.43
衡水市	58.33	66.67	62.50

表 5-7　2017 年京津冀地级及以上城市水环境承载力预警指数

	水质时间达标率	水质空间达标率	水环境预警综合指数
北京市	60.8	62.5	61.65
天津市	57.99	65	61.50
石家庄市	81.52	80	80.76
唐山市	63.96	62.5	63.23
秦皇岛市	62.9	66.67	64.79
邯郸市	90	100	95.00
邢台市	53.33	50	51.67
保定市	34.32	30	32.16
张家口市	76.11	100	88.06
承德市	63.68	61.54	62.61
沧州市	35.66	33.33	34.50
廊坊市	34.88	14.29	24.59
衡水市	64.47	40	52.24

表 5-8　2018 年京津冀地级及以上城市水环境承载力预警指数

	水质时间达标率	水质空间达标率	水环境预警综合指数
北京市	74.69	72.00	73.35
天津市	77.05	85.00	81.03
石家庄市	86.11	100.00	93.06
唐山市	86.46	87.50	86.98
秦皇岛市	73.61	83.33	78.47
邯郸市	88.03	100.00	94.02
邢台市	45.83	75.00	60.42
保定市	59.53	75.00	67.27
张家口市	76.44	100.00	88.22
承德市	75.41	84.62	80.02
沧州市	54.17	75.00	64.59
廊坊市	67.86	57.14	62.50
衡水市	84.39	100.00	92.20

表 5-9　2019 年京津冀地级及以上城市水环境承载力预警指数

	水质时间达标率	水质空间达标率	水环境预警综合指数
北京市	87.19	98.44	92.81
天津市	70.60	71.70	71.20
石家庄市	92.65	88.24	90.44
唐山市	66.67	90.00	87.36
秦皇岛市	81.30	88.70	85.00
邯郸市	91.96	100.00	95.98

	水质时间达标率	水质空间达标率	水环境预警综合指数
邢台市	84.25	100.00	92.13
保定市	87.30	100.00	93.70
张家口市	80.36	100.00	90.18
承德市	87.08	95.55	91.82
沧州市	70.56	100.00	85.28
廊坊市	68.54	8 421.00	76.38
衡水市	79.38	84.60	81.99

表 5-10　2020 年京津冀地级及以上城市水环境承载力预警指数

	水质时间达标率	水质空间达标率	水环境预警综合指数
北京市	91.13	100.00	95.57
天津市	86.00	94.60	90.30
石家庄市	97.55	100.00	98.78
唐山市	97.43	100.00	98.72
秦皇岛市	90.80	98.10	94.50
邯郸市	91.30	100.00	95.65
邢台市	96.67	100.00	98.34
保定市	93.50	100.00	96.80
张家口市	98.64	100.00	99.32
承德市	83.90	93.10	88.50
沧州市	89.13	100.00	94.57
廊坊市	96.49	100.00	98.25
衡水市	90.30	92.30	91.30

2015—2020 年京津冀水环境承载力预警结果见表 5-11，北京市 2015 年和 2016 年为红色预警，2017 年为橙色预警，2018 年为黄色预警，2019—2020 年为绿色，总体承载力逐渐变好。天津市 2015—2017 年为橙色预警，2018 年为蓝色预警，2019 年为黄色预警，2020 年为绿色无警状态。石家庄 2015—2016 年为橙色预警，2017 年为蓝色预警，2018—2020 年为绿色，总体水环境承载力能力逐渐提升。唐山市 2015—2016 年为红色预警，2017 年为橙色预警，2018—2019 年为蓝色预警，2020 为绿色无警状态，总体承载力能力提升。秦皇岛市 2015—2016 年为红色预警，2017 年为橙色预警，2018 年为黄色预警，2019 年为蓝色预警，2020 年为绿色无警状态，总体提升。邯郸市 2015—2016 年为橙色预警，2017—2020 年为绿色，总体承载能力提升，处于无警状态。邢台市 2015—2016 年为橙色预警，2017 年为红色预警，2018 年为橙色预警，2019—2020 年为绿色，承载能力呈"V"形变化。

表 5-11　2015—2020 年京津冀地级及以上城市水环境承载力预警等级

城市	水环境承载力预警综合指数/%					
	2015	2016	2017	2018	2019	2020
北京市	35.32	49.64	61.65	73.34	92.81	95.57
天津市	62.01	65.62	61.50	81.02	71.20	90.3
石家庄市	63.20	66.32	80.76	93.06	90.44	98.78
唐山市	37.86	53.28	63.23	86.98	87.36	98.72
秦皇岛市	14.59	55.47	64.78	78.47	85.00	94.5
邯郸市	69.45	94.44	95.00	94.02	95.98	95.65
邢台市	2.09	29.17	51.67	60.42	92.13	98.34
保定市	26.85	32.54	32.16	67.26	93.70	96.8
张家口市	100.00	97.00	88.06	88.22	90.18	99.32
承德市	80.42	91.45	62.61	80.01	91.82	88.64
沧州市	0.00	9.46	34.49	64.58	85.28	94.57
廊坊市	1.67	2.42	24.58	62.50	76.38	98.25
衡水市	68.77	62.50	52.23	92.20	81.99	91.3

保定市 2015—2017 年为红色预警，2018 年为橙色预警，2019—2020 年为绿色预警，承载能力逐渐提升。张家口市 2015—2016 年为绿色预警，2016—2018 年为蓝色预警，2019—2020 年为绿色预警，超载能力呈"U"形变化。承德市 2015 年为蓝色预警，2016 年为绿色预警，2017 年为橙色预警，2018 年为蓝色预警，2019—2020 年为绿色预警，总体呈"U"形变化。沧州市 2015—2017 年为红色预警，2018 年为橙色预警，2019 年为蓝色预警，2020 年为绿色预警，总体趋势提升。廊坊市的变化趋势与沧州市的变化趋势类似。衡水市 2015—2016 年为橙色预警，2017 年为红色预警，2018 年为绿色预警，2019 年为蓝色预警，2020 年为绿色预警，总体波动提升。

参考文献

[1] Wang H，Hong S，Cheng T，et al. Decomposition analysis of water utilization in the Beijing-Tianjin-Hebei region between 2003 and 2016[J]. Water Science & Technology，2019，19（1-2）：626-634.

[2] 张士锋，陈俊旭. 华北地区缺水风险研究[J]. 自然资源学报，2009，24（7）：1192-1199.

[3] 杜朝阳，于静洁. 京津冀地区适水发展问题与战略对策[J]. 南水北调与水利科技，2018，16（4）：17-25.

[4] Qiao，RB. Exploratory Research of the Hydrology Ecology Repair of Haihe River Basin Underground Funnel Area[J]. Advances in Education Research，2013，25：332-338.

[5] Zhang H，Uwasu M，Hara K，et al. Analysis of Land use Changes and Environmental Loads during Urbanization in China（Environmental Engineering）[J]. Journal of Asian Architecture & Building Engineering，2008，7（1）：109-115.

[6] 水合. 五蠹[M]. 南京：江苏文艺出版社，2009.

[7] Trewavas A. Malthus foiled again and again[J]. Nature，2002，418（6898）：668-670.

[8] Price D. Carrying Capacity Reconsidered[J]. Population & Environment，1999，21（1）：5-26.

[9] Seidl M，Tistell C A. Carrying capacity reconsidered：from Malthus' population theory to cultural carrying capacity[J]. Ecological Economics，1999，31（3）：395-408.

[10] Verhulst P F. Notice sur la loi que la population suit dans son accroissement[J]. Quetelet，1838，10（1）：113-121.

[11] Park R F，Burgess E W. An Introduction to the Science of Sociology[M]. Chicogo，1921.

[12] Daily G C，Ehrlich P R. Population，Sustainability，and Earth's Carrying Capacity[J]. Bioscience，1992：435-450.

[13] 封志明. 区域土地资源承载能力研究模式雏议——以甘肃省定西县为例[J]. 自然资源学报，1990，5（3）：271-283.

[14] VOGT，WILLIAM. Road to survival[J]. Soil Science，1948，67（1）：88-90.

[15] 夏军，朱一中. 水资源安全的度量：水资源承载力的研究与挑战[J]. 自然资源学报，2002（3）：262-269.

[16] Yang J，Lei K，Khu S，et al. Assessment of Water Resources Carrying Capacity for Sustainable Development Based on a System Dynamics Model：A Case Study of Tieling City，China[J]. Water

Resources Management，2015，29（3）：885-899.

[17] Turner R K，Hameed H，Bateman I. Environmental carrying capacity and tourism development in the Maldives and Nepal[J]. Environmental Conservation，2000，24（4）：316-325.

[18] Widodo B，Lupyanto R，Sulistiono B，et al. Analysis of Environmental Carrying Capacity for the Development of Sustainable Settlement in Yogyakarta Urban Area[J]. Procedia Environmental Sciences，2015，28：519-527.

[19] Arrow K，Bolin B，Costanza R，et al. Economic growth，carrying capacity，and the environment[J]. Science，1996，1（5210）：104-110.

[20] UNESCO & FAO. Carrying capacity assessment with a pilot study of Kenya：a resource accounting methodology for sustainable development[M]. Paris and Rome，1985.

[21] Arrow K，Bolin B，Costanza R，et al. Economic growth，carrying capacity，and the environment[J]. Science，1995，268：520-521.

[22] 牛文元. 持续发展导论[M]. 北京：科学出版社，1994.

[23] Peys A，Arnout L，Blanpain B，et al. Mix-design Parameters and Real-life Considerations in the Pursuit of Lower Environmental Impact Inorganic Polymers[J]. Waste & Biomass Valorization，2018，6：879-889.

[24] Valbona A，Mihallaq Q，Eldores S，et al. Antioxidant defense system，immune response and erythron profile modulation in gold fish，Carassius auratus，after acute manganese treatment[J]. Fish & Shellfish Immunology，2018，76：101-109.

[25] Zhang M，Liu Y，Wu J，et al. Index system of urban resource and environment carrying capacity based on ecological civilization[J]. Environmental Impact Assessment Review，2018，68：90-97.

[26] Crist E，Mora C，Engelman R. The interaction of human population，food production，and biodiversity protection[J]. Science，2017，356（6335）：260-264.

[27] Pearson D G，Brenker F E，Nestola F，et al. Hydrous mantle transition zone indicated by ringwoodite included within diamond[J]. Nature，2014，507（7491）：221-224.

[28] Nahuelhual L，Carmona A，Lozada P，et al. Mapping recreation and ecotourism as a cultural ecosystem service：An application at the local level in Southern Chile[J]. Applied Geography，2013，40：71-82.

[29] SLOAN S W. Geotechnical stability analysis[J]. Géotechnique，2013，63（7）：531-571.

[30] Adams M A. Mega-fires，tipping points and ecosystem services：Managing forests and woodlands in an uncertain future[J]. Forest Ecology and Management，2013，294：250-261.

[31] Soane B D，Ball B C，Arvidsson J，et al. No-till in northern，western and south-western Europe: A review of problems and opportunities for crop production and the environment[J]. Soil and Tillage Research，2012，118：66-87.

[32] Nardone A，Ronchi B，Lacetera N，et al. Effects of climate changes on animal production and sustainability of livestock systems[J]. Livestock Science，2010，130（1-3）：57-69.

[33] Pearson D G，Brenker F E，Nestola F，et al. Hydrous mantle transition zone indicated by ringwoodite included within diamond[J]. Nature，2014，507（7491）：221-224.

[34] Heller M C，Keoleian G A，Willett W C. Toward a Life Cycle-Based，Diet-level Framework for Food Environmental Impact and Nutritional Quality Assessment：A Critical Review[J]. Environmental Science &

Technology，2013，47（22）：12632-12647.

[35] Rolls R J，Leigh C，Sheldon F. Mechanistic effects of low-flow hydrology on riverine ecosystems：ecological principles and consequences of alteration[J]. Freshwater Science，2012，31（4）：1163-1186.

[36] Kovalchenko A，Ajayi O，Erdemir A，et al. Friction and wear behavior of laser textured surface under lubricated initial point contact[J]. Wear，2011，271（9-10）：1719-1725.

[37] Horpibulsk S，Rachan R，Suddeepong A，et al. Strength development in cement admixed Bangkok clay：laboratory and field investigations[J]. Soils and Foundations，2011，51（2）：239-251.

[38] Fang K，Heijungs R，De Snoo G R. Theoretical exploration for the combination of the ecological，energy，carbon，and water footprints：Overview of a footprint family[J]. Ecological Indicators，2014，36：508-518.

[39] Polovina J J，Dunne J P，Woodworth P A，et al. Projected expansion of the subtropical biome and contraction of the temperate and equatorial upwelling biomes in the North Pacific under global warming[J]. ICES Journal of Marine Science，2011，68（6）：986-995.

[40] Tang W，Zhou Y，Zhu H，et al. The effect of surface texturing on reducing the friction and wear of steel under lubricated sliding contact[J]. Applied Surface Science，2013，273：199-204.

[41] Zhang Y，Sailer I，Lawn B R. Fatigue of dental ceramics[J]. Journal of Dentistry，2013，41（12）：1135-1147.

[42] Yardley B，Bodnar R J. Fluids in the Continental Crust[J]. Geochemical Perspectives，2014，3（1）：1-127.

[43] Almodóvar A，Nicola G G，Ayllón D，et al. Global warming threatens the persistence of Mediterranean brown trout[J]. Global Change Biology，2011，18（5）：1549-1560.

[44] Xu X，Tan Y，Yang G. Environmental impact assessments of the Three Gorges Project in China：Issues and interventions[J]. Earth-Science Reviews，2013，124：115-125.

[45] Rummer J L，McKenzie D J，Innocenti A，et al. Root Effect Hemoglobin May Have Evolved to Enhance General Tissue Oxygen Delivery[J]. Science，2013，340（6138）：1327-1329.

[46] Naiman R J，Alldredge J R，Beauchamp D A，et al. Developing a broader scientific foundation for river restoration：Columbia River food webs[J]. Proceedings of the National Academy of Sciences，2012，109（52）：21201-21207.

[47] Silva C，Ferreira J G，Bricker S B，et al. Site selection for shellfish aquaculture by means of GIS and farm-scale models，with an emphasis on data-poor environments[J]. Aquaculture，2011，318（3-4）：444-457.

[48] Moore J，Kissinger M，Rees W E. An urban metabolism and ecological footprint assessment of Metro Vancouver[J]. Journal of Environmental Management，2013，124：51-61.

[49] Suweis S，Rinaldo A，Maritan A，et al. Water-controlled wealth of nations[J]. Proceedings of the National Academy of Sciences，2013，110（11）：4230-4233.

[50] Zhang L X，Ulgiati S，Yang Z F，et al. Emergy evaluation and economic analysis of three wetland fish farming systems in Nansi Lake area，China[J]. Journal of Environmental Management，2011，92（3）：683-694.

[51] Liu Y，Tian F，Hu H，et al. Socio-hydrologic perspectives of the co-evolution of humans and water in the Tarim River basin，Western China：the Taiji-Tire model[J]. Hydrology and Earth System Sciences，2014，18（4）：1289-1303.

[52] Leng Y. Hydration Force between Mica Surfaces in Aqueous KCl Electrolyte Solution[J]. Langmuir，2012，28（12）：5339-5349.

[53] Bjørn A，Hauschild M Z. Introducing carrying capacity-based normalisation in LCA：framework and development of references at midpoint level[J]. International Journal of Life Cycle Assessment，2015，20（7）：1005-1018.

[54] Abdulmajeed A A，Närhi T O，Vallittu P K，et al. The effect of high fiber fraction on some mechanical properties of unidirectional glass fiber-reinforced composite[J]. Dental Materials，2011，27（4）：313-321.

[55] Song X，Kong F，Zhan C. Assessment of Water Resources Carrying Capacity in Tianjin City of China[J]. Water Resources Management，2010，25（3）：857-873.

[56] Ferrara L，Krelani V，Carsana M. A "fracture testing" based approach to assess crack healing of concrete with and without crystalline admixtures[J]. Construction and Building Materials，2014，68：535-551.

[57] Zentar R，Wang D，Abriak N E，et al. Utilization of siliceous-aluminous fly ash and cement for solidification of marine sediments[J]. Construction and Building Materials，2012，35：856-863.

[58] 朱琳. 城市水环境承载力评估模型及应用研究[D]. 济南：山东师范大学，2018.

[59] Terry Mc Nabb，Reed Green，Ann Shortelle，et al. North American Lake Management Society[EB/OL]. http://www.nalms.org/glossary/lkword-c.htm.

[60] Committee to review the Florida Keys Carrying Capacity Study，National Research Council. Interim Review of the Florida Keys Carrying Capacity Study[Z]. Washington D C：National Academy Press，2001. Also on：http://books.nap.edu/books/NI 000343/html.

[61] Falkenmark M，Lundqvist J. Towards water security：political determination and human daptation crucial[J]. Natural Resources Forum，1998，22（1）：37-51.

[62] 郭怀成，尚金城，张天柱，等. 环境规划学[M]. 北京：高等教育出版社，2001.

[63] 郭怀成，徐云麟，洪志明，等. 我国新经济开发区水环境规划研究[J]. 环境科学进展，1994（6）：14-22.

[64] 贾振邦，赵智杰，李继超，等. 本溪市水环境承载力及指标体系[J]. 环境保护科学，1995（3）：8-11，76.

[65] 郭怀成，唐剑武. 城市水环境与社会经济可持续发展对策研究[J]. 环境科学学报，1995（3）：363-369.

[66] 崔凤军. 城市水环境承载力的实例研究[J]. 山东矿业学院学报，1995（2）：140-144.

[67] 蒋晓辉，黄强，惠泱河，等. 陕西关中地区水环境承载力研究[J]. 环境科学学报，2001（3）：312-317.

[68] 宋宏杰，马军霞，左其亭. 郑州市水环境承载能力计算及调控对策[J]. 郑州大学学报（工学版），2005（1）：103-107.

[69] 张文国，杨志峰. 基于指标体系的地下水环境承载力评价[J]. 环境科学学报，2002（4）：541-544.

[70] 李如忠，钱家忠，孙世群. 模糊随机优选模型在区域水环境承载力评价中的应用[J]. 中国农村水利水电，2005（1）：31-34.

[71] 左其亭，马军霞，高传昌. 城市水环境承载能力研究[J]. 水科学进展，2005（1）：103-108.

[72] 王玉敏，周孝德，冯成洪，等. 湖泊水环境承载力研究[J]. 水土保持学报，2004（1）：179-184.

[73] 王秀兰，李红亮. 河北省水环境承载能力及污染物总量控制方案研究[J]. 海河水利，2004（4）：31-33.

[74] Jang Yun Seok，Park Kyu Chil，Han Dong Wook. Comparison of EEG Characteristics between Dementia Patient and Normal Person Using Frequency Analysis Method[J]. The Journal of the Korea Institute of Electronic Communication Sciences，2014，9（5）：595-600.

[75] 齐心，赵清. 北京市水环境承载力评价研究[J]. 生态经济，2016，32（2）：152-155.

[76] 李磊，贾磊，赵晓雪，等. 层次分析—熵值定权法在城市水环境承载力评价中的应用[J]. 长江流域资源与环境，2014，23（4）：456-460.

[77] 李新，石建屏，曹洪. 基于指标体系和层次分析法的洱海流域水环境承载力动态研究[J]. 环境科学学报，2011，31（6）：1338-1344.

[78] 赵卫，刘景双，苏伟，等. 辽宁省辽河流域水环境承载力的多目标规划研究[J]. 中国环境科学，2008（1）：73-77.

[79] 王玉敏，周孝德，冯成洪，等. 湖泊水环境承载力研究[J]. 水土保持学报，2004（1）：179-184.

[80] 汪彦博，王嵩峰，周培疆. 石家庄市水环境承载力的系统动力学研究[J]. 环境科学与技术，2006（3）：26-27，116.

[81] 曾现进，李天宏，温晓玲. 基于 AHP 和向量模法的宜昌市水环境承载力研究[J]. 环境科学与技术，2013，36（6）：200-205.

[82] 石建屏，李新. 滇池流域水环境承载力及其动态变化特征研究[J]. 环境科学学报，2012，32（7）：1777-1784.

[83] 杨丽花，佟连军. 基于 BP 神经网络模型的松花江流域（吉林省段）水环境承载力研究[J]. 干旱区资源与环境，2013，27（9）：135-140.

[84] 赵卫，刘景双，孔凡娥. 辽河流域水环境承载力的仿真模拟[J]. 中国科学院研究生院学报，2008（6）：738-747.

[85] 汪嘉杨，翟庆伟，郭倩，等. 太湖流域水环境承载力评价研究[J]. 中国环境科学，2017，37（5）：1979-1987.

[86] 程兵芬，罗先香，王刚. 基于层次分析-模糊综合评价模型的东辽河流域水环境承载力评价[J]. 水资源保护，2012，28（6）：33-36.

[87] 李姣，严定容. 湖南省及洞庭湖区重点城市水环境承载力研究[J]. 经济地理，2013，33（10）：157-162.

[88] 邬彬，车秀珍，陈晓丹，等. 深圳水环境容量及其承载力评价[J]. 环境科学研究，2012，25（8）：953-958.

[89] 余进祥，刘娅菲，钟小兰. 鄱阳湖水环境承载力及主要污染源研究[J]. 江西农业学报，2009，21（3）：90-93，106.

[90] 江明峰，马太玲，孙晶. 呼和浩特市水环境承载力综合评价[J]. 干旱区资源与环境，2010，24（9）：60-63.

[91] 房睿，谢海燕，王纯利. 玛纳斯河流域水环境承载力评价指标体系研究[J]. 水利科技与经济，2010，16（8）：841-844.

[92] 樊庆锌，于淼，徐东川，等．大庆地区水环境承载力计算分析与评价[J]．哈尔滨工业大学学报，2009，41（2）：66-70.

[93] 张祥娟，李新，李秀霞，等．用层次分析法建立京杭大运河苏州高新区段水环境承载力指标体系研究[J]．环境保护与循环经济，2011，31（2）：42-44，49.

[94] 解海静，胡艳霞，王亚芝，等．密云水源地水环境承载力系统动力学模拟与预测[J]．中国农学通报，2012，28（11）：247-252.

[95] 崔兴齐，孙文超，鱼京善，等．河南省近十年水环境承载力动态变化研究[J]．中国人口·资源与环境，2013，23（S2）：359-362.

[96] 马巾英．东江湖库区水环境承载力评价及协调发展研究[J]．经济地理，2015，35（11）：184-189.

[97] 姚玉鑫，张英，鲁斌礼，等．模糊物元模型在评价区域水环境承载力中的应用[J]．南京师范大学学报（工程技术版），2007（2）：82-86.

[98] 翁明华，聂秋月，蔡峰，等．聊城市水环境承载力研究[J]．水资源保护，2009，25（3）：41-44.

[99] 耿雅妮．基于向量模法的西安市水环境承载力研究[J]．中国农学通报，2013，29（11）：168-172.

[100] 雷宏军，刘鑫，陈豪，等．郑州市水环境承载力研究[J]．中国农村水利水电，2008（7）：15-19.

[101] 董徐艳，陈豪，何开为，等．云南省水环境承载力动态变化研究[J]．环境科学与技术，2016，39（S1）：346-352，370.

[102] 孙亚飞，何俊仕，王捷，等．基于层次分析法的辽河干流水环境承载力评价研究[J]．节水灌溉，2015（5）：37-41.

[103] 李美荣，郑钦玉，刘娟，等．基于AHP法的重庆市水环境承载力研究[J]．水利科技与经济，2012，18（5）：1-6.

[104] 王玉梅，丁俊新．山东省水环境承载力动态变化趋势分析[J]．水资源与水工程学报，2011，22（6）：50-55.

[105] 吴颖超，王震，曹磊，等．基于突变级数法的徐州市近10年水环境承载力评价[J]．水土保持通报，2015，35（2）：231-235.

[106] 李栋梁，李琴，李鸣，等．赣江水环境承载力及动态变化特征[J]．中国农村水利水电，2014（1）：86-89，92.

[107] 郑毅，蒋进元，杨延梅，等．基于向量模法的南宁市水环境承载力评价分析[J]．环境影响评价，2017，39（1）：65-68，79.

[108] 林曼利，李青芫．合肥市水环境承载力研究[J]．湖北第二师范学院学报，2015，32（2）：58-62.

[109] 张旋．天津市水环境承载力的研究[D]．天津：南开大学，2010.

[110] 赵彦红．河北省水环境现状及水环境承载力研究[D]．石家庄：河北师范大学，2005.

[111] 陈艳霞．渭河流域关中地区水环境承载力研究[D]．咸阳：西北农林科技大学，2007.

[112] 肖宏山．太子河流域水环境承载力评价[J]．黑龙江水利科技，2019，47（12）：29-33.

[113] 郑博福，范焰焰，任艳红，等．典型河网地区水环境承载力评估——以长兴县为例[J]．中国农村水利水电，2020（7）：54-59.

[114] 钱华．河流水库水环境承载力研究——以黄河万家寨水库为例[D]．保定：华北电力大学（河北），2004.

[115] 崔丹，李瑞，陈岩，等．基于结构方程的流域水环境承载力评价——以湟水流域小峡桥断面上游为

例[J]. 环境科学学报，2019，39（2）：624-632.

[116] 崔丹，陈岩，马冰然，等. 土地利用/景观格局对水环境质量的影响[J]. 水科学进展，2019，30（3）：423-433.

[117] 薛同来，佟素娟，张为堂，等. 水生生物群落结构完整性对水环境的影响[J]. 北京工业大学学报，2016，42（10）：1540-1546.

[118] 刘双爽，陈诗越，姚敏，等. 水生生物群落所揭示的湖泊水环境状况——以东平湖为例[J]. 应用与环境生物学报，2017，23（2）：318-323.

[119] 李艳，刘萍，王贵东，等. 基于灰色关联度的水环境承载力指标体系简化[J]. 沈阳建筑大学学报（自然科学版），2011，27（1）：135-139.

[120] 任晓庆，杨中文，张远，等. 滦河流域水生态承载力评估研究[J]. 水资源与水工程学报，2019，30（5）：72-79.

[121] 宋策，李靖，周孝德. 基于水生态分区的太子河流域水生态承载力研究[J]. 西安理工大学学报，2012，28（1）：7-12.

[122] 李靖，周孝德，程文. 太子河流域不同生态分区的水生态承载力年内变化研究[J]. 中国水利水电科学研究院学报，2011，9（1）：74-80.

[123] 张星标，邓群钊. 江西省水生态承载力分析[J]. 南昌大学学报（理科版），2011，35（6）：607-612.

[124] 左太安，刁承泰，施开放，等. 基于物元分析的表层岩溶带"二元"水生态承载力评价[J]. 环境科学学报，2014，34（5）：1316-1323.

[125] 张远，周凯文，杨中文，等. 水生态承载力概念辨析与指标体系构建研究[J]. 西北大学学报（自然科学版），2019，49（1）：42-53.

[126] Hu Guangji，Liu Huan，Chen Chang，et al. An integrated geospatial correlation analysis and human health risk assessment approach for investigating abandoned industrial sites[J]. Journal of Environmental Management，2021，293：112891-112891.

[127] Amarh Flora，Voegborlo Ray Bright，Essuman Edward Ken，et al. Clement Okraku，Kortei Nii Korley. Effects of soil depth and characteristics on phosphorus adsorption isotherms of different land utilization types：Phosphorus adsorption isotherms of soil[J]. Soil & Tillage Research，2021，213（9-10）：105139.

[128] 林嵩. 结构方程模型原理及 AMOS 应用[M]. 武汉：华中师范大学出版社，2008.

[129] 吴明隆. 结构方程模型：AMOS 的操作与应用[M]. 重庆：重庆大学出版社，2010.

[130] AVRON H，BOUTSIDIS C，TOLEDO S，et al. Efficient dimensionality reduction for canonical correlation analysis[J]. SIAM Journal on Scientific Computing，2014，36（5）：S111-S131.

[131] Yang Wenying，Li Shuxin，Wang Xiaoli，et al. Soil properties and geography shape arbuscular mycorrhizal fungal communities in black land of China[J]. Applied Soil Ecology，2021，167：104109.

[132] O.A. Oladipo，J.O. Adeniyi，S.M. Radicella. Electron density distribution at fixed heights N（h）：Gaussian distribution test[J]. Journal of Atmospheric and Solar-Terrestrial Physics，2008，71（1）：1-10.

[133] 马小姝，李宇龙，严浪. 传统多目标优化方法和多目标遗传算法的比较综述[J]. 电气传动自动化，2010，32（3）：48-50，53.

[134] 徐磊. 基于遗传算法的多目标优化问题的研究与应用[D]. 长沙：中南大学，2007.

[135] 王勇，蔡自兴，周育人，等. 约束优化进化算法[J]. 软件学报，2009，20（1）：11-29.

[136] Hongzhi Zhao，Xu Zeng. Research on the Application of Analytic Hierarchy Process in the Multi-target Decision Making of Networked Ammunition[J]. Journal of Physics：Conference Series，2021，1965（1）：012152.

[137] Narendra Kumar Rout，Mitul Kumar Ahirwal，Mithilesh Atulkar. Analytic hierarchy process-based automatic feature weight assignment method for content-based satellite image retrieval system[J]. Soft Computing，2021，3：1-11.

[138] 王卫红，王园. 基于 PCA-AHP-IE 的多指标评价模型研究与应用[J]. 浙江工业大学学报，2019，47（6）：591-596.

[139] Wende Tian，Guixin Zhang，Xiang Zhang，et al. PCA weight and Johnson transformation based alarm threshold optimization in chemical processes[J]. Chinese Journal of Chemical Engineering，2017，26（8）：1653-1661.

[140] 徐秉堃. 解多目标优化问题的改进加权求和算法[D]. 西安：西安电子科技大学，2010.

[141] Shihui Jia，Zhongping Wan. A penalty function method for solving ill-posed bilevel programming problem via weighted summation[J]. Journal of Systems Science and Complexity，2013，26（6）：1019-1027.

[142] Li Li，Renxiang Wang，Xican Li. Grey fuzzy comprehensive evaluation of regional financial innovation ability based on two types weights[J]. Grey Systems：Theory and Application，2016，6（2）：187-202.

[143] 苏洪潮，王金根. 一种灰色模糊综合评判模型[J]. 系统工程与电子技术，1997（7）：48-51，72.

[144] 金菊良，陈梦璐，郦建强，等. 水资源承载力预警研究进展[J]. 水科学进展，2018，29（4）：583-596.

[145] 柏继云. 黑龙江省大豆生产预测预警研究与实证分析[D]. 哈尔滨：东北农业大学，2006.

[146] 田志富. 基于 RDA 的白洋淀浮游植物群落结构动态特征分析[D]. 保定：河北大学，2012.